室内设计师.30
INTERIOR DESIGNER

编委会主任　崔恺
编委会副主任　胡永旭

学术顾问　周家斌

编委会委员

王明贤　王琼　王澍　叶铮　吕品晶　刘家琨　吴长福　余平　沈立东　沈雷　汤桦　张雷
孟建民　陈耀光　郑曙旸　姜峰　赵毓玲　钱强　高超一　崔华峰　登琨艳　谢江

海外编委

方海　方振宁　陆宇星　周静敏　黄晓江

主编　徐纺
艺术顾问　陈飞波

责任编辑　徐明怡　李威
美术编辑　赵鹏程
特约摄影　胡文杰

协作网络　ABBS 建筑论坛 www.abbs.com.cn
筑龙网 www.zhulong.com

图书在版编目(CIP)数据

室内设计师. 30, 集群建筑 /《室内设计师》编委会编. —— 北京：中国建筑工业出版社，2011.7
ISBN 978-7-112-13406-9

Ⅰ. ①室… Ⅱ. ①室… Ⅲ. ①室内装饰设计 – 丛刊②公共建筑—室内装饰设计 Ⅳ. ① TU238-55 ② TU242

中国版本图书馆 CIP 数据核字 (2011) 第 140986 号

室内设计师　30
集群建筑
《室内设计师》编委会　编
电子邮箱：ider.2006@yahoo.com.cn
网　　址：http://www.idzoom.com

中国建筑工业出版社出版、发行（北京西郊百万庄）
各地新华书店、建筑书店 经销
利丰雅高印刷（上海）有限公司 制版、印刷

开本：965 × 1270 毫米　1/16　印张：10　字数：400 千字
2011 年 8 月第一版　2011 年 8 月第一次印刷
定价：30.00 元
ISBN 978 - 7 - 112 - 13406 - 9
　　　（21156）
版权所有　翻印必究
如有印装质量问题，可寄本社退换
（邮政编码 100037）

CONTENTS
VOL. 30

视点	新编辑新风格	王受之	4
解读	集群建筑：又一场江湖演义		6
	西溪湿地三期工程艺术集合村		8
	Y聚落：西溪湿地三期工程艺术集合村J地块		9
	树影梦叠：西溪湿地三期工程艺术集合村K,L地块		16
	消失的建筑：西溪湿地三期工程艺术集合村H地块		24
	再框"动"景：西溪湿地三期工程艺术集合村N地块		32
	溪居林院：西溪湿地三期工程艺术集合村I地块		38
	2011西安世界园艺博览会		44
	灞上人家服务区		50
	大师园		55
	迷宫园		56
	万桥园		58
	山之迷径花园		60
	四盒园		62
	大挖掘园		64
	山水中国地图		66
	通道园		68
	黄土园		70
	植物学家花园		71
论坛	溯源中国传统文化：设计的超越与回归		72
	芦原弘子的高级住宅世界		78
教育	城中之村：记2010年秋季中国美术学院建筑系三年级课程设计		82
实录	低技的思考：Sra Pou 职业培训中心		88
	无视重力——MVRDV 的平衡谷仓设计		94
	苏州生物纳米科技园管理中心		100
	万科大师办公室		106
	拉斯韦加斯文华东方酒店		112
	希腊 Alemagou 餐厅		118
	北京精品轩餐饮		124
	折扇：北京怀柔雁栖经济技术开发区附楼室内设计		128
纪行	48小时 威尼斯探寻		132
场外	俞挺这个人		138
	我的清华		140
	俞挺的一周		142
感悟	建筑学以外	汤斗斗	146
	江南	索来宝	146
	设计，可以近一点	赵 周	147
	外部视线与内部组织	郭屹民	147
链接	飞利浦"办公•人•灯光"媒体专题研讨会		148
	ibbs 八周年年会暨 CIID 四十专业委员会（武汉）交流会		149
	《凤歌堂》中式书房陈设概念展开幕		150

视点

新编辑新风格

撰文 | 王受之

ARCHITECTURAL DIGEST

在美国,虽然时尚的杂志种类繁多,但是如果细心看看,真正属于主流的,能够影响读者和市场品位的,来来去去也就是一二十种而已,而在建筑、室内方面,《建筑文摘》(Architectural Digest)的地位几十年来都是无可动摇的。《建筑文摘》被美国人称为"书架杂志"(shelter magazines),是介绍室内设计、建筑风格、家具设计类型的生活刊物,在中产阶级中非常受欢迎,一向被认为是建筑、室内风格的风向标。严肃的建筑师都认为它不属于建筑杂志,而仅仅是商业化程度很高的室内杂志,但是,如果从影响面来说,这份杂志对美国人的影响力可真不能够小瞧。你想买一份严肃的建筑杂志,比如《建筑实录》月刊(Architectural Record),一多半书店都没有,而《建筑文摘》则不但任何书店都有,连卖菜的超级市场也有,并且总是和八卦杂志、时尚杂志一起,放在收款处旁边的书架上,随手可取。虽然很多人说《建筑文摘》太商业,我还是很喜欢看,主要是因为它反映的不仅仅是设计,还有生活方式。通过杂志可以看到好多社会名流、政治家、好莱坞明星的家和生活风格,甚至有好多美国总统的家的情况。这种报导的方法,在世界上也属于非常少见的。你就无法想像一个中国领导人的家登到杂志上任人评头论足的。《建筑文摘》认为:生活品位是一个人的基本要素,需要教育和共享。美国读者、西方读者也就是冲着品位、生活方式这一点来看这本刊物的。

这本杂志的成功套路有几个,一个是介绍名人的家居,吸引读者;第二个是组织风格类型的专辑,推动风格。这本杂志属于康泰纳仕出版集团(Condé Nast Publications)所有,于1920年创办,是世界上历史最悠久的以室内设计为主的主流杂志,实力雄厚,读者群庞大。自1975年以来,总编辑就是佩奇·伦斯·诺兰(Paige Rense Noland),她到2010年6月份才退休,一个主编做了几十年,也属罕见,这个杂志完全具有她的风格。我是1980年代才开始订阅这份杂志的,看的其实就是伦斯的杂志了。她要退休,我们都有点担心杂志会整个倒向广告赞助商,而丧失了设计的品位。而且最近一段时间以来,发行量受到网上资讯的影响,这份能够引导国际室内、住宅建筑发展方向的杂志总有种摇摆不定的感觉,因此大家对于接替她的人选和杂志的走向都比较关心。

新总编辑叫玛格丽·特拉瑟(Margaret Russell),之前在《建筑文摘》做了很长时间的责任编辑,她曾经在美国另外一份室内设计杂志《Elle Décor》做了21年的编辑,其中10年是担任总编,也是室内设计媒体的老手了。做好一份杂志真是不容易,杂志依靠的主要是广告,同时需要有让普通中产阶级读者感兴趣的炫目专题。设想一下,在大量的广告、强烈商业味道的炫目文章除去之后,还能够有多少篇幅空间是可以由对设计文化有品位要求的总编发挥的?这就是为什么多年以来,这份销售量在美国数一数二的建筑、室内杂志老是办得让建筑师们怨声载道的原因。要做到中产白领读者、职业设计师都说好,真是不可能的任务啊!拉瑟如比较多的人预料的那样继任总编,她将怎么修理这份月刊,则更加是大家好奇的地方了。仅仅是涂脂抹粉、小修小补,还是大动干戈做彻底地转变呢?她面临的工作是要对整个杂志社做清理。这些年来,网络发达,对杂志来说是巨大的压力,如何能够开源节流、并且办出自己的风格来,对拉瑟来说也是一个很大的挑战。

《建筑文摘》的办公室在纽约最中心的时报广场4号高层,我曾经去过那里,比较起奢华的时尚杂志〈Vogue〉的办公楼来说,这里真是很舒适的,确实是室内杂志编辑部的感觉。拉瑟就任之后,《纽约时报》即刻派记者采访她,报导形容她不像个大杂志总编,倒有点像电脑游戏中的女斗士,原因是她当时穿着齐膝的高坡跟PRADA靴子。据说这位52岁的女士喜欢慢跑,喜欢运动,甚至运动到伤了腿,过去两年因为腿伤一直打着石膏。《纽约时报》透露说:《建筑文摘》编辑部的室内设计是麦克·史密斯(Michael Smith)做的,史密斯是加利福尼亚的室内设计师,也是拉瑟最好的朋友之一。他最著名的项目就是为美国总统奥巴马重新设计了白宫的椭圆形办公室,事实上,他主要的设计还是纽约曼哈顿的豪宅。他在曼哈顿从事豪宅室内设计已经有17年的历史了,具有非常丰富的经验。除了纽约之外,他还在洛杉矶以及地中海一个富人聚集的小岛马约卡(Majorca)做项目,因为不同的客户对室内风格有不同的要求,因此他也就十分了解应该如何应付客户的要求。我看报导上刊登的拉瑟的办公室照片,室内设计做得很女人味,粉红色的水晶装饰、镜面桌子上有紫色的牡丹花图案,拉瑟用午餐的饭桌上有白色的水仙花。我注意了一下照片上她的午餐,是很简单的花生酱、果酱三明治而已,喝的是健怡可乐。

2011年3月份的《建筑文摘》,是拉瑟的第一期作品,大家都很注意看。这一期拿到之后,我感觉纸张比较以前的要轻；翻翻页面，整个平面设计的基调也比较明快，特别是专辑的题目容易找到了，显然是瞄准了21世纪的新读者群而构思的。文章的分布依然面面俱到，这一期里有比较波西米亚风的布兰多利尼住宅（the home of Muriel Brandolini），比较传统的在密西西比州的美国式朗汉住宅（Richard Keith Langham），但是主题鲜明，是 Art Deco 的复兴风格。Art Deco 翻译为中文是"装饰艺术"运动，这一名称出自1925年在巴黎举办的国际装饰艺术和现代工业展（the 1925 Exposition Internationale des Arts Décoratifs et Industriels Modernes），也就是当年的世界博览会。该展览旨在展示"新艺术"运动之后的一种新的建筑与装饰风格。该展览的名称，后来就被用于特指一种特别的设计风格和一个特定的设计发展阶段。但是，"装饰艺术"这一术语，实际所指的并不仅是一种单纯的设计风格。和"新艺术"运动一样，它包括的范围相当广泛，从1920年代的色彩鲜艳的所谓"爵士"图案（Jazz Patterns），到1930年代的流线型设计式样；从简单的英国化妆品包装到美国纽约洛克菲勒中心大厦的建筑，都可以说是属于这个运动的。它们之间虽有共性，但是个性更加强烈，因此，把"装饰艺术"单纯看作一种统一的设计风格是不恰当的。

《建筑文摘》的封面一直是白色的边圈，中规中矩的布局，像本欧洲杂志，有些人说这本杂志其实更加像本艺术、设计拍卖目录。封面上用粉红色的字母通栏写着本期专辑的题目"典雅时代"（the Age of Elegance）。在建筑和城市发展上，我们往往用一些比较简单的形容词来代表，比如欧洲700年的中世纪时代，简称之为"黑暗年代"（the Dark Ages）；1929年西方大危机之前的奢华时代，一般称之为"镀金时代"（the Gilded Age）；而两次世界大战期间的 Art Deco 时代，则往往称为"典雅时代"。从延续发展的时间来看，这一时代并不长，从开始萌发的1920年代，到1940年代第二次世界大战爆发，前后充其量20年来。第二次世界大战爆发之后，Art Deco 好像就仅仅遗留在旧黑胶唱片的爵士旋律里或者银烟盒上的记忆中。从设计风格历史上看，这是比较短暂的一个运动。但是，由于这个运动是人类历史上绝无仅有的一个企图把现代化和装饰风格结合起来、把西方工业化的设计和东方历史悠久的传统工艺结合起来的运动，它的探索方向、成就和作品对当代设计的影响力则一直没有减弱过，也就造成了复兴的可能性，所以才会在战后一次又一次地兴起。自21世纪以来，后现代主义式微，现代主义重新恢复，西方上流社会对于简单、理性的现代主义建筑、室内开始感到缺乏情味，由此刺激了各种复古风格的再次兴起，其中比较流行的就是 Art Deco 风格的复兴，其影响面颇大。本期《建筑文摘》封面作品即是一个具有强烈 Art Deco 风格的东方情调室内作品——麦克·史密斯的的一个豪宅设计，金色、白色基调的家具，桌上一束白色的樱花，典雅而奢华。我们知道，封面是给专辑设计师介绍自己的作品用的，要上杂志封面，建筑师、室内设计师是要花大钱的，并且还要符合总编辑的策划方向才行。拉瑟主政之后的第一期，在我们这样比较关心设计杂志发展的人来看，还是充满了希望的。我自己作为一个研究设计史的人来说，看了这一期杂志，一方面了解了新总编辑的品位走向，同时也很乐意看到 Art Deco 风格再一次复兴起来，因为这个风格确实很能够把现代感、奢侈感、怀旧感三者结合得比较融洽。

这一期特别介绍 Art Deco 风格的项目有好几个，我都很注意看了。其中一个是时尚偶像人物达芙妮·吉尼斯（Daphne Suzannah Diana Joan Guinness）在纽约曼哈顿上东城的豪宅。吉尼斯是时尚界的偶像人物，出身名门，本人是全世界屈指可数的1000多位高级时装（haute couture）的顾客之一。人好看，又有钱，又有品位，八卦新闻也多，自然成了时尚界中炙手可热的偶像，她的住宅选择什么风格，总是能引起很多读者的兴趣的。她这套三房一厅的住宅在大都会博物馆的隔壁，是一个高层建筑中的公寓，最近重新设计装修。吉尼斯是通过中介找的室内设计师丹尼尔·罗姆德兹（Daniel Romualdez），这个设计师当时正在设计楼上的一套住宅，双方谈到设计风格，罗姆德兹提出用 Art Deco 风格来设计室内，吉尼斯同意了，但是也希望自己参与设计意见。吉尼斯要求室内要有大都会的强烈感觉，具有强烈装饰色彩的现代感。现代感是金属的、银色的、镜面的、闪亮的，而时尚感则是色彩鲜艳的、装饰感突出的，自然这种感觉就是来自 Art Deco 的核心，这样一谈，他们可以说是一拍即合。罗姆德兹后来回忆说，当时看见吉尼斯穿着香奈儿的银色、镶有碎金属饰片的套装，就知道她喜欢什么氛围。首先就把整个室内设计成银色基调，走廊地上铺鲜红色的地毯，灵感也是从那一天看到吉尼斯的蔻丹指甲而产生的。

达芙妮·吉尼斯买下这个豪宅之后曾经看着那个长长的走廊，问自己：我是需要一个走廊呢？还是需要每天回家有一个体验过程？对她来说，她选择的自然是体验。这里的客厅原本就全部是镜面墙的，她倒是很喜欢这种通透感。她自己收藏了不少精彩的当代艺术作品，比如 damien Hirst 的绘画《蝴蝶》，五颜六色，加上镜面的反射，室内非常花哨，她就是喜欢这种感觉。罗姆德兹了解了她的喜好，用了色彩鲜艳的搭配来装饰这个住宅，基调是白色、银色、黑色、镜面，然后再配上各种娇嫩、鲜艳的色彩柠檬黄、粉红色、橘红色，这种手法是 Art Deco 用得最多的，因而如此搭配一下子就把风格特点定了下来。顶棚是白色的，地板用深色的非洲紫檀木，墙上的镜子是有点烟灰色的，桌上堆满了各种书籍，粗看一下，有《拜伦爵士书信集》（the Letters of Lord Byron）、《克里斯托弗·马娄戏剧全集》（Christopher Marlowe：the Complete Plays）等等。白色、黑色、银色是现代感的，鲜艳的色彩是挑逗的，具有强烈的装饰感。而东方味道的装饰品——比如一对青花瓷花瓶，里面放的是兰花，则是 Art Deco 经常使用的怀旧感强烈的手法。

除了吉尼斯的住宅之外，更加突出的是麦克·史密斯和奥斯卡·沙马米扬（Oscar Sharmamian，Ferguston & Shamamian 公司合伙人之一）在纽约曼哈顿设计的另外一个豪宅。这个 Art Deco 复兴风格的室内作品，也用大量的白色、银色、镜面做基调，加上现代艺术和18世纪中国漆器屏风、金色的俄国新古典主义家具搭配，豪气十足，很有 Art Deco 的怀旧色彩。豪宅业主不愿意公开姓名，但是允许杂志发表照片和介绍，也是很难得的机会。住宅位于纽约最豪华区域的中央，是面对中央公园一个高级豪宅公寓的顶层，窗外就是中央公园的一片树林，起居室南北通透，地段极佳。业主是一对夫妇，一年中大概有四分之一的时间要在这套住宅中度过，四年前买下这套公寓，就是因为喜欢整面的大窗户以及闹中取静的环境。他们委托史密斯设计室内，是因为史密斯在这个区域已经设计过7个类似的项目，非常有经验。

史密斯心目中的这套豪宅的风格，是新古典主义为基调，加上部分 Art Deco 风格的点睛，做到稳健中的出色。色调和前面提到的达芙妮·吉尼斯住宅的跳跃感不同，更加沉静。他把新古典家具和 Art Deco 风的中国陶瓷结合起来用，更加显得典雅和高贵。很多西方人对中国传统设计都非常感兴趣，他们对中国艺术的处理，往往有很大的启示意义。因为他们生活的环境是西方的，把东方艺术和西方环境、建筑结合起来，可不正是我们现在正在探索的目标吗？而借鉴东方艺术做设计动机，则正是始于 Art Deco 时代。这套住宅设计，很流畅地调动了新古典、Art Deco 两者的长处，感觉上非常奢华。

看了2011年3月期的《建筑文摘》杂志，我对于新总编玛格丽特·拉瑟的编辑趋向已经有了比较清楚的了解。一本建筑室内杂志，有一个具有品位的总编，肯定能够吸引住很好的读者群。我也希望能够看到更多好的专辑，启发我们对室内设计的创新。

解读

集群建筑：
又一场江湖演义

撰文 | 佘马

集群式的建筑创作，在中国已非罕事。自集合了12位亚洲著名建筑师创意的"长城脚下的公社"一举摘得2002年威尼斯双年展中的"建筑艺术推动大奖"之后，艺术评论家吕澎牵头的贺兰山房也一度成为众人议论的话题，而艾未未主持的金华建筑艺术公园则在一个狭长地形的沿江公园邀请17组建筑师设计17个小型公共建筑，包括展览馆、茶室、厕所等等；位于佛手湖畔的南京国际建筑艺术实践展、杭州西溪湿地三期工程艺术家集合村、鄂尔多斯"20+10"集群设计和四川建川博物馆群落等都是后来较为大型的集群建筑项目。

作为吃螃蟹的人，"长城脚下的公社"可谓名利双收，除了获得大奖外，这些建筑作为酒店运营后，也能实现盈利。主持该项目的投资者潘石屹曾在接受采访时表示："其实，这样的

工程一般都是赚不了钱的。"其实,能实现在经济上不亏本也不赚钱已是成功。

对于国内出现的"南京国际建筑艺术实践展"等一系列的建筑集群,潘石屹曾表示:"这些实践都是一种值得肯定的探索形式,不过我想我是有点杞人忧天的,我认为商业化的投资和利益还是必须讲求的。"

确实,当我们翻看这些项目的工程进展时,南京国际建筑艺术实践展一再停顿,从2004年开始至今,完全竣工的只有斯蒂文·霍尔的建筑博物馆,目前还尚未正式对外开放,而其他建筑师的作品迄今仍是未完全完工状;杭州西溪湿地三期工程艺术集合村的项目,亦原本打算集结12位建筑师,但目前为止,只有六个方案盖了起来,而许多地块甚至连用地指标都尚未有着落。

其实,工程一再拖延的理由很好理解,那就是利益链有问题,投资与产出很难达成正比。很多项目都打着以低价租给艺术家作为长期居留地的旗号,但既然是建筑艺术,那么就有理由提供给所有人欣赏,为什么要单单给艺术家这群人来住呢?而且,众所周知,艺术家大多喜欢在人气较高的地方工作,这样的场所未必会真的物尽其用。

甚至,目前有些集群建筑,只是拥有个虚无的标语,这群房子盖出来到底做什么用?到底为谁盖?这些基本的定位都未形成。在这样的项目中,建筑师是最大的卖点。

如果,我们翻阅中国当代集群建筑的名单的话,不难发现:刘家琨、张雷、齐欣、王昀、吴钢、周恺等这样的名字不断地重复出现。这样的集群建筑更大的意义,则在于中国当代建筑这个江湖的又一场演义。

在这样集中的地块中展示自己的设计,无疑是这群熟人们彼此间的又一次较量。从某种程度上来说,集群建筑的正面意义之一倒在于可以成为一面探入中国当代建筑内部的窥视镜,将21世纪的中国建筑弊病呈现出来并思考其解决之道。

但我们最后总会有点悲观地发现,这些名气响亮的建筑师在技巧的成熟和市场经验的充分西化之后,令人震撼的作品越来越难得一见。许多建筑师在早年间寻找到自己的符号后,之后便再也没有做出根本性的改变。他们的作品因为重复而具有了市场力量,但是在面对飞速变迁的社会时,却越来越失去了可对接的现实意义。

也许,中国建筑师和作品整体平庸化的趋势已经不可避免。

解读

西溪湿地最近在杭州炙手可热,官方甚至用"两西"的称呼把它提高到了可以和西湖齐名的高度,对它的改造也在热烈地进行之中。

西溪湿地的三期工程与西溪一、二期工程衔接,总面积3.35km²,由"五常民俗文化村"、"西溪国家湿地艺术村"、"西溪农耕体验文化村"以及"西溪大众休憩村"四大村落组成,原本预定为2009年建成开放。

项目是由黄石牵头,他负责张罗了些建筑师,在这块土地上各放异彩,各显身手,做一个"离散式的创意会所聚落"。维思平的吴钢做的总平面,齐欣、朱锫、刘家琨、刘晓都、张雷、李晓东、徐甜甜、柳亦春、王昀、王维仁、王路、吴钢分别做12个单独的建筑群。但"和而不同"是12位建筑师共同遵循的设计纲领。

在最初的大框架里,整个集群建筑将包括梦西溪艺术家酒店、意象西溪当代美术馆、西溪学社、长生殿人文讲堂及十余处离散式创意会所,而这个杭州艺术建筑集群当时被冠以"中国唯一城市湿地艺术聚落"的称号。

如今,这个集群建筑并没有按照组织者的预想于2009年竣工。整个项目由于项目用地等各方面原因,只有半数的房子盖了起来。而这些房子自2010年初结构封顶后,就一直进展缓慢,绿化铺张等亦未完全竣工。据了解,目前只有齐欣设计的"树影梦叠"被一家公司看中,准备装修。

此次,我们亦只能展示这个集群建筑群落的片段。END

西溪湿地三期工程艺术集合村

撰文 | 何非

Y 聚落
西溪湿地三期工程艺术集合村 J 地块

解读

撰　　文	Leon
摄　　影	胡文杰、赵鹏程等
资料提供	张雷联合建筑事务所
建筑设计	张雷、戚威、钟冠球、张光伟、郭东海
设计合作	浙江工业大学建筑设计研究院（施工图设计合作）
建筑面积	4000 m²
设计时间	2008年3月
竣工时间	2011年4月

这里是西溪湿地，却好像没有空气也没有水，它好象是幅超现实主义的风景。

其实，在设计之初，张雷就表示："这么朦胧的一个地方，最好不要盖房子。"

事实上，他的设计真的试图削弱建筑本身。

由张雷操刀的J地块共由五组单元构成，建筑的造型就是简单的几何体。他在设计说明中写道："J地块是由五组单元构成，每组800m² 大小的单元由一个大Y型和二个小Y型体量组合而成，小Y的尺度恰为大Y长宽高各缩小一半。依据基地四周地形地貌的景观特质，大小Y采用1+2的组合模式沿周圈灵活布置，面对湿地采用6mx6m和3mx3m的大尺度无框景窗，获取最大的自然接触面，形成了既遵从生态秩序又有自然变异功能的离散式树状聚落结构，通过有机生长的方式与湿地景观互动，从而形成富有张力的结构和视觉关联。"

大Y贯通的内部空间通过连续的自由曲面进行空间与功能合一的动态划分，改变了传统室内空间的限定与分割操作方式。J地块会所明确的树形结构和有机的湿地景观、强势的形体和弱化体量感的阳光板表面、外部几何关系和内部非线性空间等形态要素之间，呈现出生动而有趣的对立。

从概念到几何形体到材料，许多建筑师往往会忽略掉最后的那一步，但这最后一环却一贯是张雷的强项。此次，大Y为白色水泥和乳白色阳光板表面，小Y则采用整体玻璃幕墙外饰乳白色半透明阳光板，似灯笼漂浮在树林湿地之间。乳白色阳光板因其漫放射和半透明的物理属性，极大的削弱了建筑的几何体量感，J地块湿地深处也因此洋溢着烟雨朦胧的江南意蕴。

这样的材质能令灯光从房间里透出来，就像一个个半透明的小灯笼。在他看来，材料的理解应该和建筑的地点结合起来。比如在青城山，到处都是绿树，他就做了一个倒在地上的树形，并使用了碎掉的绿玻璃作为材料，但这种选择应该是独一无二的。

1	3	4
2	5	6

1 南侧远景
2 树状布局
3 A单元局部
4 B单元局部
5 各层平面
6 东侧鸟瞰

解读

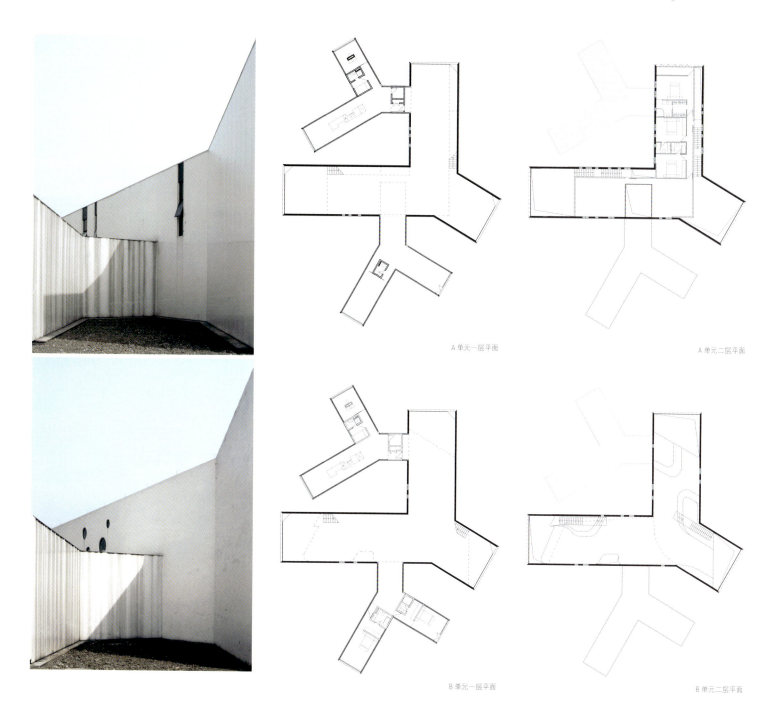

A单元一层平面　　A单元二层平面

B单元一层平面　　B单元二层平面

解读

```
| 1 | 5 |
| 2 3 4 | 6 7 |
```

1　东南侧近景
2　A单元模型
3-4　B单元模型
5　串起各个单元的主干道
6　A单元实景
7　建筑墙体局部

解读

解读

1　东南侧远景
2-5　内部空间
6-7　内外景观通过设计巧妙的门窗互相渗透
8　简洁却不简单的内梯

解读

树影梦叠：
西溪湿地三期工程艺术集合村 K,L 地块

撰　　文	齐欣
摄　　影	胡文杰、赵鹏程等
资料提供	齐欣建筑设计咨询有限公司
设　　计	齐欣建筑设计咨询有限公司
时　　间	2008年–2011年
面　　积	5 500 m²
功　　能	宾馆

杭州的西溪被列为国家湿地公园，其中的两期已向公众开放，有着开阔的半人工化湿地植被和一些仿古建筑。在三期里，策划者想引进面向未来的建筑，招来十二名国产、半国产建筑师参与设计，内容无非是一些类似宾馆的休闲设施。

据说早在明、清时代，西溪湿地便被文人墨客们相中，有一搭没一搭地在此愤世嫉俗，吟诗作画。苏东坡、唐伯虎、郁达夫、徐志摩等前赴后继，留下早已消失了的足迹。当建筑师们考察现场时，看到的是散布的鱼塘和农舍。农庄的形态在统一中蕴含着变异，不土不洋，或既土又洋，散发出清爽的庸俗。

题目似乎清晰了：建筑与自然（可能更强调自然，淡化建筑）；建筑与历史（可能更偏重历史上的历史）。然而，建筑是否隶属自然？再者，何为历史？

人类启动了回归自然的征程，与祖祖辈辈愚公移山的事业大相径庭。但人在自然界里盖房子的本意是抵御自然，并非亲近自然。无论在东西方，自然界中的建筑历来都旗帜鲜明地标榜几何，与自然对抗。更何况，会所之类的建筑需要私密。因此，面对自然，采取"不回避但把控"的策略要远比"回避或妥协"更自然。

历史是一条延续的长河，她同属于昨天、今天和明天。当我们排除了厚古薄今的年龄歧视，客观审视文人墨客和当代村民的"遗产"时，发现二者间的共性在于：平面是简单的矩形，体型上切出了斜坡做屋顶，但简单的单元在组合中发酵，孕育出变化。对暂时幸免遇难之农舍（短短一个月后，新农舍集体沦丧，倒是有一两间老房子得以幸免）的抽样调查显示，建筑进深在 10m~13m 间徘徊。

于是，我们便踏着前辈们的足迹，将建筑类型定义成最简单的矩形平面：面宽＝进深＝12m，两坡顶，自由组合。为了跟简单较劲，甚至还锁定了"一个基本平面＋一个基本立面"的目标。

当 12m×12m 的单元平面相互纠缠到炽热状态时，咬合的部位生成出天井，它同时承担着采光与通风的使命，从而解放了外墙开窗的义务，或只在想开的地方开窗。

走到这一步，建筑开始自信，从容而轻松地坐在水塘边，树荫下，开始与自然推心置腹，促膝谈心：你是自然，我就不是么？我是建筑，你就不是么？这时自然忽然有所领悟：发现镜面瓷砖以破镜重圆的方式为建筑蒙上了一张魔幻般的外衣，它将天空、树木、水面乃至可恶的游人纳入本体，打碎，重组，然后再将升级版的客体影像释放出来，回归自然。

随着朝夕轮转、秋去冬来，建筑与自然已磨合到了难舍难分、交相辉映的境界，同呼吸，共甘苦。

1	2
	3

1-2 建筑
3 分析图

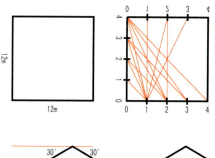

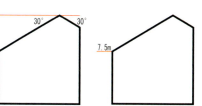

解读

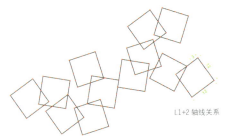
L1+2 轴线关系

骨架

穿衣

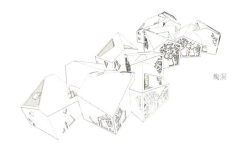
掏洞

```
 1  4 | 5
 2    |
 3    | 6
      | 7
```

1-3 建筑类型是最简单的矩形平面
4   分析图
5   外墙的开窗方式非常自由
6   各层平面
7   模型

解读

首层平面

二层平面

屋顶平面

解读

1-2 镜面瓷砖以破镜重圆的方式为建筑蒙上了一层魔幻的外衣
3 L1:2 剖面
4 外立面材质间的关系
5-6 模型
7-9 12m×12m 的单元平面相互纠缠到炽热状态时,咬合的部位生出天井,同时承担采光与通风的使命

解读

解读

1-7 室内空间

解读

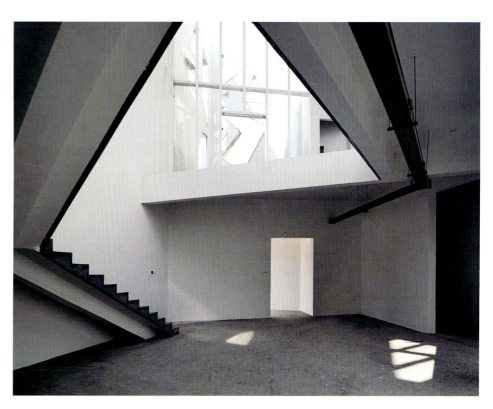

解读

消失的建筑：
西溪湿地三期工程艺术集合村 H 地块

撰　　文	Janus
摄　　影	胡文杰、赵鹏程等
资料提供	方体空间
地　　点	浙江杭州
设 计 师	王昀
设计团队	方体空间
场地面积	59800m²
建筑面积	3800m²

　　王昀的杭州西溪湿地艺术村 H 地块设计是一系列散落在狭长基地上的形状各异的白色建筑体。王昀一直偏爱白色，他曾谈到，白色在大自然中实际上是很珍贵的，比如古代的纸张实际上都是黄色的或者暗色的，画画的时候，各种颜色都能找到，留到最后的步骤就是上"素"，"素"就是白，上"素"之后才能把其他颜色突显出来。就好像下雪，前一天整个城市还是彩色的，一夜之间，一场雪就会将整个世界都变白了，空气也非常清新，与日常性的联系被切断了，呈现出一种非日常性的改变。这个时候，堆雪人、打雪仗，一种兴奋的感觉和一种无名的创造力就被激发了。王昀认为建筑师也需要将人们的创造本能调动出来，要考虑到空间和建筑本质的问题。他力图复归建筑的原始的状态，让人重新体会到建筑不是形式，而是空间。白色的背景下，人就成为了主角，其他事物都变成了背景，在空间的角度上会让人的存在更加清晰、更加主要。王昀希望 H 地块的设计也要表现非日常性的内容，因为只有非常性的东西才会让人有幻想，让人把日常的繁琐都抛掉。

　　而此次王昀对白色的运用还蕴含着他对江南地区地域性的理解。他上大学的时候曾去无锡游太湖，江南的天气变化很快，去的时候天气还很好，回来的时候天就阴起来了，天上很黑，太湖整个变成了灰颜色，只有当地的白色民居特别突出。"在那一瞬间我发现了黑白灰的关系。白的房子在阴雨天也让人的心有一个透亮的地方，这件事让我感觉到原来文化是这样的，为什么当地的老百姓不用黄色、红色，就是一抹白，那一瞬间所有的文人画全部理解了，这不就是中国画讲的留白么！" 王昀希望，H 地块的设计也能成为一幅自然山水画中的留白。基地中的建筑以其白色的形体和多变的天际线，融入江南烟雨之中。这些消失的形体退居幕后，将原本的植被推到幕前，自身和背景融合成为一色清白。场地固有的地景由此得到了应有的尊重。通过这种单纯的形式，西溪湿地的建筑也继承了江南水乡的白墙黑瓦，形成了对于大环境之中建筑传统形式的抽象表达，也包含了前人的幻想。

　　王昀最初的愿景是在一块相对狭长的场地之中营造像聚落一样的相对丰富的建筑空间。"当时我拿到这个地块一看，它已经被不同的区域给隔开了。沿着共同制定的离散概念的理解，我想做一个离散式村落当中的一个离散式的会所，将地块进一步打碎，这样建筑的体量就会尽可能地缩小，散落在湿地当中。这样做不仅仅可以和环境之间产生协调，保证了对于风景本身的尊重——任何一座风景建筑都没有办法媲美风景本身；同时更重要的是给每个来这里的人提供一个相对独立、同时又有关系的离散式聚合状态。此外这个项目亦可能被设定为西溪学社的所在，策划人希望这个学社能够作为年轻一代建筑师的培训基地。设计也考虑到了未来作为一个短期培训时的功能性需求，比如有些大的空间会考虑到会议和教室的多功能使用的可能性问题。总体而言，H 地块中散落着 11 个重要功能的建筑集合 A 以及若干零散附属建筑集合 B。由 A 和 B 所构成的系统，形成了我们心目中离散式聚落的形态。虽然在这里使用集合这样的数学概念进行概括的介绍，但是这两个集合却不是以数学的方式进行组织的。建筑凝结了设计者人生经历的点滴——就如同聚落体系反映着其建造者的'共同幻想'一样。对于所谓的集合 A 和集合 B，其间的要素不仅仅是建筑，而是一种沉淀之后的信念。这种信念成为了这种离散的物质形式之下精神上的同一。" 人们在这一区域中游历，可能会感受到近似柯布西耶建筑所营造的"游走"体验。作为抽象化的六和塔的大圆台、如展开长卷般富于戏剧效果的长方体，还有环绕其间的纷繁枝叶——这些经验片断的集合体便成为了设计者与体验者相互沟通的桥梁。王昀希望来访者会在漫步中发现有间隔、有连续，整体过程像戏剧一样在这里穿插。不同的季节来到此地都会有不同的感受，而墙面的颜色也会伴随着时间的推移和四季的轮回发生变化。 END

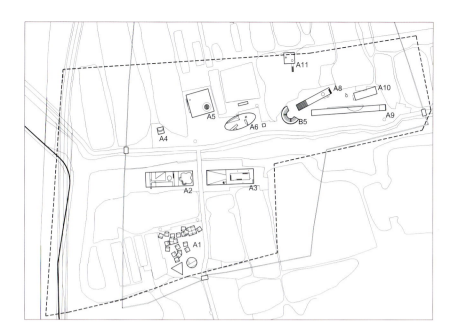

解读

1 离散的白色建筑群组
2 总平面图
3 A2 轴测图
4 A2 会所庭院仰视图
5 A2 会所富于变化的外形

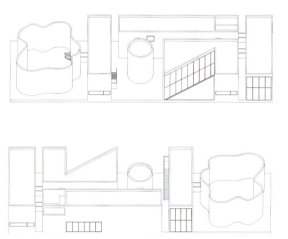

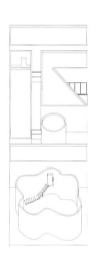

解读

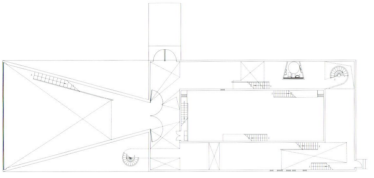

A3会所一层平面

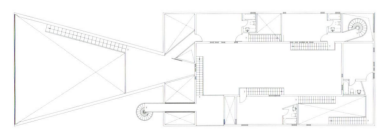

A3会所二层平面

1		8
2	3	
	4	9
5	6	7

1　A3会所外观
2-3　A3会所各层平面
4-7　墙面、开窗的光影效果
8　内庭院
9　被赋予"六和塔"意向的A5会所

解读

A5 会所剖面 A

A5 会所剖面 B

A5 会所一层平面

A5 会所二层平面

A5 会所三层平面

解读

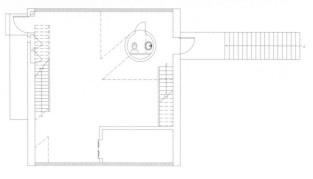
A11会所一层平面

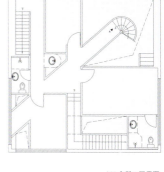
A11会所二层平面

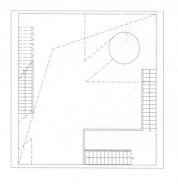
A11会所三层平面

1	2	6	
3	4 5	7	
		8	9 10

1　A5会所筒状天井内部仰视
2　A5会所剖面及平面
3-5　会所室内
6　A11会所如浮在水上
7　A11会所各层平面
8　A8、A11错落散布在场地中
9-10　A8会所室内

29

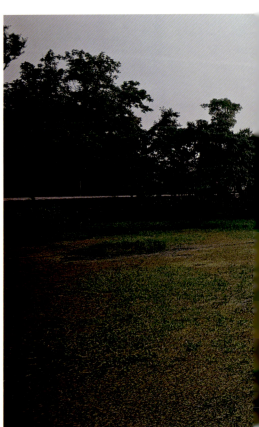

1	3	4
2	5	

1-3 建筑与西溪湿地景观——春景
4-5 建筑与西溪湿地景观——夏景

解读

再框"动"景:
西溪湿地三期工程艺术集合村 N 地块

撰　　文	Janus
摄　　影	胡文杰、赵鹏程等
资料提供	王维仁建筑设计研究室

面　　积	4500m²
设 计 师	王维仁
设计团队	王维仁建筑设计研究室

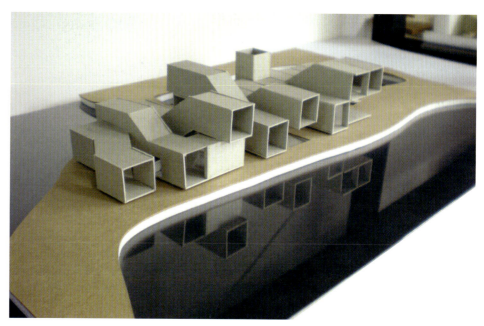

1 建筑外观
2 模型

一进入尚在施工状态中的杭州西溪湿地三期,首先进入视野的便是王维仁的作品。即便还没进入室内观望,这个向着各个不同方向伸出犹如镜头般的窗口的建筑,也会让人清楚地感觉到设计师试图将建筑与场地景观交汇出丰富互动的意图。

在这片江南的土地上,王维仁的设计起始于"织理山水"。有着地质学教育背景的王维仁一贯强调对场地环境与肌理的梳理和研究。N地块的一个显著特点即是周边环绕的水景,在王维仁的设计中,可以看出对建筑和水景关系的思考。整个地块分为北中南三条细而狭长的建筑基地,每个基地分别面临前后二方向的小丘与水景。王维仁谈到:"江南水乡聚落的线性织理形式与中国城市的里坊街廓与合院单元的织理形式截然不同,聚落的水道湖泊则不仅是连接系统,建筑单元配置更是以外向性与水的关系为重点。西溪艺术村N地块的设计如水乡线性的聚落形式一样,是以线性串联的建筑单元与水的关系为起点。"他富于诗意地引用了韩拙《山水纯全集》中的优美描述:

"水有四时之色,随四时之气。春水微碧,夏水微绿,秋水微清,冬水微惨……又有沙汀湖洑皆水中而可居人而景所集也。"

在王维仁看来,西溪艺术村N地块的设计,不只在提供智者乐水的视觉经验,更在营造仁者乐山可游可居的空间意境。设计希望透过一系列不同的"观景器建筑"的位置,高低,空间形式与质地的安排组合,以及被观的风景对象状态的差异,启发观者对山水景观的不同情境的铨释。

建筑被设定为一个"观景器",形成高平深远的建筑肌理。如郭熙《林泉高致》中描述的那样:"山有三远:自山下而仰山颠谓之高远,自山前而窥山后谓之深远,自近山而望远山谓之平远。"观者沿着主要道路漫步,山、水、天、地,构成几种线型的不同风景经验的可能性。每一种观景的空间状态都是对山水的不同体会,它们不但是视角的不同,也是视点的不同,更是环境与心境的不同。

王维仁用冉框"动"景来描述他的设计概念。所谓"再框"(reframing),主要形容在建筑中游赏的人的体验。西方绘画与透视的起点,在于观者与实景之间关系三度空间的平面化。设计的意图希望透过观者的凝视间有意识的改变,景观的平面呈现被重新再框,观者的主体性再次被实践。

王维仁指出,有别于中国江南传统园林设计中叙事空间的"框景"(即"步移景异"的时空关系),这个设计以还原电影的方式,重新探讨时间、空间与风景关系新的可能性。鉴于N地块是一个散落而长的基地,因此在设计上,我们强调移动时所见的景观和风景,透过"再框",重组基地原有景观,同时加入新的功能与空间,如会所活动、中庭等,重组对基地风景的概念及经验,形成一连串的"动景"。由此,"框景"的概念便被重新定义及丰富了。

解读

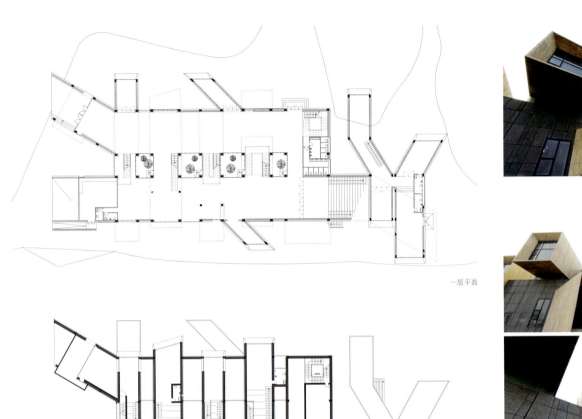

一层平面

二层平面

解读

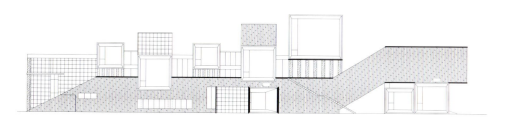

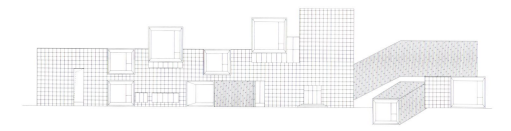

1-2 各层平面
3-5 窗景
6-7 建筑与水、与基地环境
8-9 立面图
10-13 建筑局部

解读

1	5	7
2		
3	4	6	8

1　建筑东南立面
2-3　室内窗景
4　概念图——框水
5-8　建筑室内

平远

高远

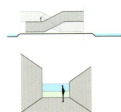
深远

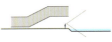

迷远

阔远

幽远

解读

解读

溪居林院：
西溪湿地三期工程艺术集合村I地块

撰　　文	Janus
摄　　影	胡文杰、赵鹏程等
资料提供	壹方建筑/清华大学建筑学院王路工作室

设 计 师	王路
设计团队	壹方建筑/清华大学建筑学院王路工作室
场地面积	10926m²
建筑面积	3794m²

1 外立面
2 总图
3 建筑原型参照杭州郭庄"香雪分春"院
4 立面概念
5 建筑与水景映像

由王路主持设计的西溪湿地艺术家村I地块由五组院落组成，其中A栋建筑面积为794m²，B栋建筑面积为737m²，C栋建筑面积为772m²，D栋建筑面积为765m²，E栋建筑面积为726m²。

业主邀请诸位设计师来设计这一组艺术村建筑集群之初，曾就设计主题要求设计师们关注建筑与水的关系、建筑与自然的关系以及建筑与历史的关系等问题。如此一来，就引导着设计师们从两个方向思考设计的可能性：一个方向是将建筑融入自然，进而让建筑消失；另一个方向则是建筑对当地历史的回应，几百年来，西溪一直是文人墨客停留驻足之地，建筑也应适当表现江南水乡风流蕴藉的场所文脉。

王路的设计表达了他对于如上两个方向的思考。他在设计说明中写到："因基地与溪、与湖、与水相关，所以总体布局上就像荷叶上的水珠，轻松自然的滑落于基地，建筑位于滴水或叶状界定出的园圃边界内，其形态犹如（西）'溪'字的笔画写入基地。园圃外整个基地密植林木，取栖（居）字'木'的形意，使院在林中，又居溪畔，曰'溪居林院'。'溪居林院'是传统院落空间的当代演绎，其原型是杭州典型的墙门大宅和古典园林郭庄。单体建筑借鉴郭庄内"雪香分春"院的尺度，结合当代的使用功能，并考虑不同业态灵活使用的可能性。外观简洁整一的每个院落中，吸取传统园林和宅院的空间意匠和景观处理，利用独特的洞口塑造强化建筑和基地特有景观的相互因借。"

在体现建筑与场地自然环境和历史文脉的意图之外，我们还可以清楚地看到王路亦对建筑的当代性有所表达。或许被拆掉的那些当地典型的贴着瓷砖的民房也给王路留下了深刻印象，因此他特别说明，"建筑的外观材料采用杭州近郊和西溪湿地现有聚落的常用材料瓷砖，在寻'常'求变中，化'下里巴人'为'阳春白雪'，使溪居林院不但具有古典的人文品格，还有当代地方生活的印迹。"

整组建筑在外观上看起来颇有当地民房的气息而又表现出一种设计的意味，极具日常性的形象在此出现反而有了一丝"非常"的味道。对此，王路如是形容："建筑的立面是一种结合自然的艺术创作。5栋院子由5种色彩的外墙面砖，在浅色背景下拼出基地中芦苇的图案，再加上林木疏影与之交相衬映，构成独特的外观效果，体现浪漫清丽的西溪艺术村的情调。" END

解读

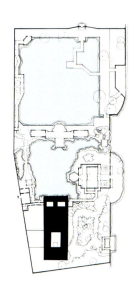

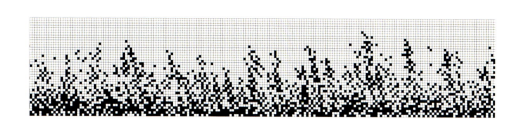

解读

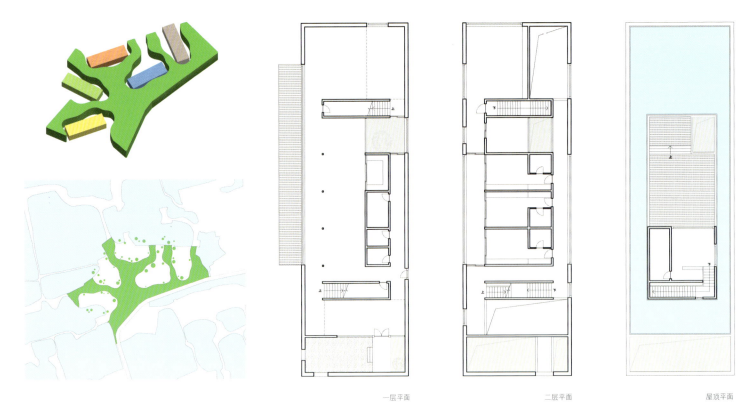

一层平面　　　　二层平面　　　　屋顶平面

解读

1　概念图
2　景观概念
3　A栋平面
4　鸟瞰效果图
5-6　立面与草地、树木的呼应

解读

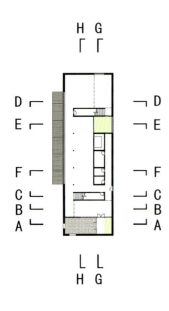

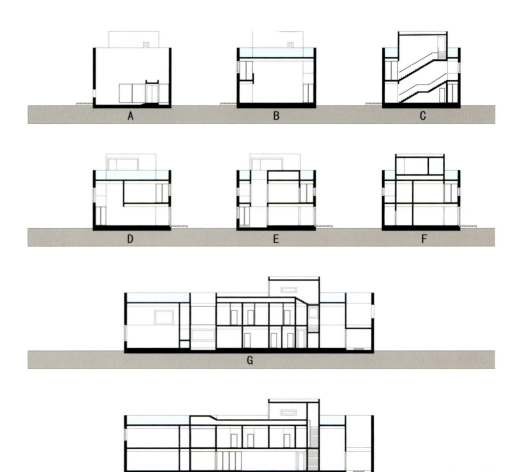

1　剖面图
2　建筑局部
3　丰富的开窗系统为室内引入充分的日照及优美的湿地景观

解读

2011 西安世界园艺博览会
INTERNATIONAL HORTICULTURAL EXPOSITION 2011 XI'AN CHINA

撰　文 ｜ 徐明怡
摄　影 ｜ 唐京平

解读

以"天人长安·创意自然——城市与自然和谐共生"为主题的2011西安世界园艺博览会从2011年4月28日至10月22日,在西安的浐灞生态区进行,历时178天。

解读

西安或许是世界上惟一一座可以整合所有资源和力量,尝试将告别了千年的盛世重新还原的城市。因为,西安从来没想过要像谁,它一心只想着如何能更像自己。

虽然这三千年的历史文化珠玉在前,但21世纪的西安仍然拖着伟大而庞大的身躯忙不迭地的向现代化转型。因为忙不迭地,所以,西安显得有些四不像。

历史虽然无法被绕开,它会时刻提醒着你。摆脱完全的唐风,也剥离纯粹的摩天高楼,世园会的所在地——浐灞生态区正无可避免地焦灼在"传统"与"现代"两个通俗的词汇上,它们切换、平衡、融合、对立……

可以说,浐灞生态区或者说世园会是西安新一轮现代化过程中的试金石,而在这178天的园艺盛会中,除了能体验来自各地的园艺文化外,也许,我们更能捕捉到的是那股子躁动。

历史的味道其实是一种情感的味道,拥有一颗经典的心和摩登的外壳,是否才会是更多人心目中理想的西安呢?

选址广运潭

世园会的选址是在浐灞生态区的广运潭。位于西安城区东部的浐灞,因源自秦岭的浐河和灞河流经此地而得名。这个地方有着太多值得骄傲的历史。

早在90万年前,这里就留下了"蓝田猿人"的足印,6000多年前,半坡的先人们也曾在此筑屋烧陶。

春秋时期,秦穆公曾站在滋水,也就是今天的灞河边,发下宏愿:称霸中原,统一中国。滋水遂以"灞"为名。

到了秦汉,这里成为了兵家必争之地,刘邦在此"还军霸上,约法三章",成就了汉家天下。

隋唐之际,浐灞是通往京都长安的重要通道。"浐灞之间,三辅圣地",全国各地的租赋、贡品均需乘舟楫顺着渭河逆流而上,至浐灞广运潭,而后再转入长安。千帆竞翔、烟柳画堤、白鹭翩迁。每到烟花三月,微风轻抚的灞河两岸的垂柳,柳絮如雪花般纷纷扬扬,长安八景之一的"灞柳风雪",满含诗情画意。

古风消逝,浐灞一度没落。自19世纪90年代开始,浐灞两岸有10余处河段垃圾成山,这里水质就逐渐变坏,散发着恶臭。同时,因为浐河的沙质好,过度采沙也造成河床严重下切,河道上更是千疮百孔。

2004年9月9日,西安市浐灞河综合治理开辟扶植委员会挂牌成立。其开工的第一个重点项目就是广运潭生态景观区项目。广运潭南起陇海铁路,北至西安绕城高速,东起灞河东岸,西到灞耿汉,整个项目面积达到13.53km²。

历史上,广运潭是唐代为解决粮食运输问题,而在长安东郊看春楼下开拓的水陆码头。因其繁荣昌隆,唐玄宗李隆基将其命名为广运潭。昔时李隆基也选择了广运潭这个处所,举办了一场规模宏大的"水运博览会"。

鉴于此,水也成为了浐灞生态区治理的主题,而此次在浐灞进行的世园会中,水也成为一大主体景观。

时尚古都的新尝试

西安一直执着地牵引着文化的车辙梦回唐朝,毕竟盛唐隐喻着这座城在历史上最雄健的时代。

2008年10月11日,规划面积近20km²的大明宫遗址保护区项目启动,唐代帝王嫔妃起居游憩的太液池将在3年内重现人间;以大雁塔为核心的大唐不夜城项目已经初现端倪,整体建成后将成为亚洲最大的景观步行街;而作为复古运动的示范,大西街的改造2007年先期完成,包括银行、KTV、酒店、机构在内,整条街清一色唐代仿古建筑。

熟知西安城市变迁史的刘晖是西安建筑科技大学景观系的系主任,她一直向我提及法国学者对西安城市发展的论调,"我们应该要学会在21世纪留下21世纪的东西,而让这些东西在数百年后也将成为遗产。"

那21世纪的西安在"昔日重来"的运动后,

1	2
	3
	4

1 广运门是此次博览会的标志性建筑
2 园区中的许多建筑都采用了低碳环保的自然材料
3 创意十足的雕塑是园林艺术的最好点缀
4 园艺是此次盛会的主角

是否会有属于21世纪的遗产呢？

"西安的公园都是在遗址上建立起来的，比如青龙寺、长乐公园和木塔寺公园等，这些公园原来都是遗址，只是开始时不知道该怎么弄，后来就作为苗圃，慢慢发展成为公园了。"刘晖说。"世园会是在广运潭遗址上建立的，不过这个公园与以往西安新唐风主义的公园很不一样，这个公园希望给西安市民带来时尚，这种时尚不仅是狭义的衣着方面的时尚，而是广义的，人们在社会发展到新的文明状态后，对时尚的新的理解。"

虽然主办方为每个展区都细心地挂上了说明，但我却在采访中发现，许多普通游客，乃至有一定文化修养的观者对由英国先锋设计师伊娃设计的自然馆与创意馆以及大师园都产生歧义，认为完全看不懂。

"有人说西安是个从来没有被殖民的地方，在西安，我们见到太多厚重的历史感的东西了"，刘晖说："但世园会这种大规模的新兴事物却是第一次，可能这样的先锋建筑放到国外，或者上海、北京、广州等地方来说，都不足为奇，但这些先锋设计在西安真正实现后，从公众意识的角度来说，就是对西安市民的一种冲击。"

千年的杠杆向现代倾斜？

博览会素来会树立几个标志性建筑物，世园会自然也不例外，此次的四大标志性建筑物分别为：长安塔、自然馆、创意馆与广运门。

在西安，建筑师张锦秋往往被尊称为"张大师"，包括西大街、陕西历史博物馆等新唐风主义建筑都出自她的手笔，而此次世园会中的长安塔依然由张锦秋设计，此次她在展现传统文化的同时，也努力融入了现代与时尚的元素。

长安塔位于世园会园区制高点的小终南山上，是世园会的标志性之一，由张锦秋担纲设计。该塔外形具有唐代传统木塔的特点：一层跳檐上面有一层平座，逐层收分，充满韵律。各层挑檐尺寸开阔上扬，体现了唐代木结构建筑出檐深远的特色和风采。檐下与柱头之间用金属构件组合，是传统建筑檐下斗栱系统的抽象和概括。玻璃幕墙退在外槽柱内侧，通过玻璃肋与柱、梁固定。一系列处理唐风唐韵的建筑充满了现代感。

英国普拉斯玛设计事务所首席设计师伊娃·卡斯特罗被称为全球"景观都市主义"领军人物，她和她的团队设计了2011西安世园会主要标志性建筑创意馆、自然馆以及广运门。广运门、自然馆、创意馆均利用自然地形设计建造，造型新颖，风格独特。

"我们在西安世园会设计的建筑很现代，我希望反映出西安一种面向未来、面向世界的包容、开放的精神。在我的设计里尽量让传统和未来能够更好地包容，为未来创造一个更加美好的世界，把本届世园会的理念在我的作品里体现出来。不仅为西安留下美好景观，留下新的历史遗产，也希望得到西安市民的喜欢。我还希望在西安作出更多的作品。"谈到自己参与世园设计工作，伊娃说。

除了标新立异的创意外，也有来自本土的看似复古其实反叛的建筑。西安世园会园区内共有欧陆风情、东南亚风情和中国风情三个特色服务区。其中，由西安建筑科技大学建筑学院院长刘克成设计的灞上人家为中国风情服务区。他将建筑划分为14个12m×12m的单元，每个单元随坡就势，打造富有人情味的乡村街巷空间。街巷的每个角落或静或动，邀请人们驻足、交谈、聚会。如果 你去过一些古村落，就会发现灞上人家的建筑具有某种与乡村类似的景观，14个建筑单元相似却又不同，每个单元都有一些小的变化，步移景异，漫步其间有一种徜徉乡间的趣味。

灞上人家将产自陕西南部的片岩作为主要外部装饰材料。这种材料原本多用于铺地，但刘克成却将其创造性地用于建筑的屋顶和外墙上，形成了灞上人家会呼吸的建筑"肌肤"。深灰、墨绿、铁锈红等多种色彩的片岩使灞上人家在整体上呈现出一种多层次的自然感，使建筑与园林更加和谐，使服务区具有一种朴素的时尚感。

解读

创意馆

创意馆位于 2011 西安世园会主轴线上，整个展馆结合码头和周边场地进行设计，建筑布局呈"王"字型，由三翼不规则几何体组成，青铜金属、石材及花园式种植屋面等不同饰面的无规则衔接处理，形成了错落有致、内涵丰富的艺术效果。将展览展示园林园艺、植物花卉的新成果、新产品以及环保节能新技术、新材料等。馆内分为园艺时代、植物工厂、梦幻广场、大地、大海几个展厅，又以"春夏秋冬"为主题，将一年四季的自然变化与园林创意相结合。

长安塔

张锦秋在长安塔的设计中，借鉴了西安大雁塔的比例，使用完全现代的材料和工艺重新构建了一座当代唐塔，设计风格是张锦秋近年来最大的一次突破。也正是这个设计，使得普拉斯玛的设计可以并有能与之和谐的并置，完成"传统与现代的一种对话"。

长安塔高 99m，总高 13 层。除了第十二层和第十层为设备间，没有布展，其余 11 层均为特色展品供游客品鉴，其中最令人期待的莫过于秦陵一号铜车马等"十大国宝"。据悉，把这么多高规格的文物集中在一起亮相，在国内是少有的。主办方也希望通过这个展览，能把陕西古代灿烂的文明介绍给来自世界各地的游客。

第十三层是园区里的制高点，这里的每个角都设置了两架望远镜，游人可以站在此纵览世界园艺美景，同时也可以通过望远镜细细品味一番。

自然馆

自然馆位于锦绣湖畔，是2011西安世园会的植物温室，展示多种植物及其生态景观以及不同气候带下的典型植物景观。该建筑位于许多特色景观的交汇点，半埋地下，立面材料选用玻璃、木材与少量混凝土结合，倚山而建，层层叠叠，与地形完美结合。这样的设计手法从高度上、视觉上都弱化了建筑的体量，保证在建筑室内可以从不同标高领略到湖面和对面花园的美景。

整个展馆分为两层，一层为热带雨林植物展示区、特色植物展示区，二层为沙漠植物展示区、珍稀植物展示区。整个自然馆的植物种类多达530多种。在自然馆内，不仅有着众多的奇花异草、珍稀树木，而且还展示了许多植物界的奇观。

1	6
2	7
3	
4	
5	8

1　创意馆
2-5　长安塔
6-8　自然馆

解读

灞上人家服务区

摄影	唐京平等
资料提供	陕西省古迹遗址保护工程技术研究中心

设计	陕西省古迹遗址保护工程技术研究中心
设计师	刘克成等
基地面积	19582m²
总建筑面积	4732 m²
地上建筑面积	3977 m²
半地下建筑面积	775 m²

"灞上"是当年刘邦、项羽楚汉争霸中鸿门宴的所在地，唐玄宗曾在此举办规模盛大的水运博览会。可以说，这块宝地既有丰厚的历史与文化，又有极佳的自然景观。作为2011西安世界园艺博览会的三大服务区之一，本项目试图提供给人以特别的建筑与景观体验，让游人更多地体验到陕西关中的人文精神和自然风貌。

灞上人家服务区单体建筑的设计灵感源于中国传统的四合院。中国传统四合院的主要特征是"四水归堂"。在风水学中，天井与财气相关。经商之道讲究以聚财为本，建天井使天降的雨露和财气不会流向别处。"四水归堂"象征着四方之财如同天上之水，源源不断地流入自己的家中。

每一个单体都以这个"堂"作为中心要素，围绕它来展开空间功能。而这个"堂"，是一个生态盒子。每个生态盒子里面可能是小花园，可能是金鱼缸，也可能是自然鸟笼，其内容丰富多彩。每一个单体，经过简单的变形、扭转、组合，以一个连接两岸的桥串起来，形成传统建筑的街巷感。其散落的布局又犹如一个传统的聚落一般栖息在园内。

材料和肌理方面，寻找了现代与传统思想结合的手法，使用瓦、片岩、陶罐等地方色彩强烈的材料与玻璃，和钢这种现代材料巧妙结合，既富有时尚现代感又极具地域特色。景观设计与建筑协调自然，相得益彰。在传统建筑原有格局中通过新要素、新材料的介入，进一步在开敞性、层次感方面进行开拓创新，通过空间的"开"和"合"，"明"和"暗"，增添体验的神秘性与乐趣。创造出一种内敛、聚合、富于东方品质，极具人文魅力的公共空间。

解读

1 单体建筑
2 俯瞰
3 草图与分析图
4 总平面
5 外立面

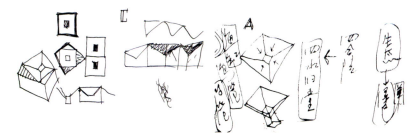

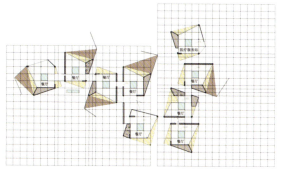

以4m×4m的网格作为建筑的控制模数,以一个单体建筑作为母体,在网格上扭转,组合形成群体。这样既降低了成本,又便于快速建造,而且带来了强烈的形式感。

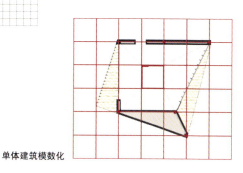

单体建筑模数化

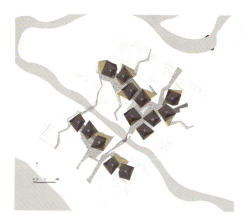

解读

1　各层平面
2-4　服务区被打造成类似中国乡村的田园景观
5　各剖面
6　各立面
7-9　每个建筑单元都是个小型四合院

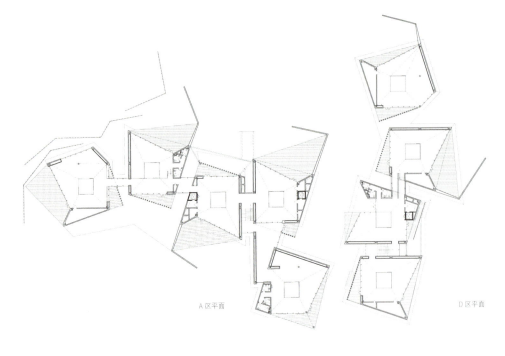

A区平面　　　　D区平面

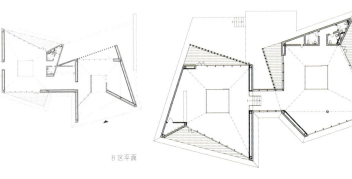

B区平面　　　　C区平面

解读

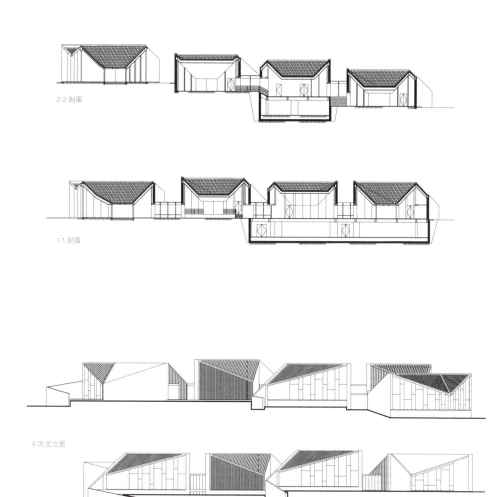

2-2 剖面

1-1 剖面

A区北立面

A区南立面

| 1 | 2 |
| 3 | 4 5 6 |

1-6 设计师采用了产自陕南的片岩作为主要外部装饰材料,深灰、墨绿、铁锈红等多种色彩的片岩使建筑在整体上呈现出一种多层次的自然感

解读

大师园
MASTER GARDEN

撰文 | 常添

在2011年的西安世园会中，有这么一个特殊的园区，在共18000m²的区域内，共规划出了9个面积各为1000m²的地块，邀请了来自9名不同国家的景观设计师设计9个花园，这些花园均会永久保留，这块区域就是"大师园"。

顾名思义，"大师园"就是由顶级设计师打造的品牌园林。而在园林设计领域中，由于认知和观念上的不同，东西方造园素来颇有差异，西方重形，东方重意。而大师园却有趣地将这么一组身份各异的设计师组合在一起，做起了命题作文，成就了一组形态各异的景观集群建筑。

集群建筑的意义之一就在于多元化，而在这组大师园的集群中，我们看到了各位设计师虽仍然沿袭了各自一贯的设计风格，却又或多或少的、或强硬或巧妙地从中国文化中汲取了些符号与灵感，并结合了一些当地的历史人文与自然风貌。

也许，对他们来说，黄土与青砖就是中国。

解读

迷宫园
GARDEN OF LABYRINTH

撰　文	丁帧
摄　影	王向荣
设　计	Martha Schwartz Partners
主创设计师	美国 Martha Schwartz

在世园会展园中,你会发现有一个花园酷似方形的"大匣子","大匣子"的四周除了几个小门洞以外,是完全封闭的,这个"大匣子"就是神秘的迷宫园。

这座看似东方的园林出自美国女设计师 Martha Schwartz 之手,她认为:"园林可以看作是建筑印记以外的任何事物,它存在于城市的每一个角落。在西安世园会里,我设计了一个同时具有中国、美国特色的迷宫,是中国建筑表现西方文化的大胆尝试和探索,是中美文化融合的结晶。

花园由西安的传统青砖墙构成,从入口的拱门走进去,你会看见若干条狭长的走廊,你会以为这是一座古城,其实,这是一座迷宫。游人从园外只能看见一个 3m 高的青砖"大匣子"。内部空间被分成一系列狭长的走廊,这些走廊上空没有封顶,抬头可见蓝天与白云。花园中共种植 100 多棵垂柳,垂柳的枝条蔓生过 3m 高的墙体,在走廊内外的上空飞舞。走近再仔细一听,垂柳的枝条上悬挂的是 1000 多个小铜铃,微风过处,发出悦耳的叮咚声。

要是你想走进园中,花园两端的出口并不是入园的大门,而是要通过中间一系列青砖拱门进入园中的走廊。这些拱门的规格为 1m 宽 ×1.4m 深 ×2.25m 高,相邻拱门间隔 5m,列阵非常完美,走进园中你可以很方便地从舒适的角度通过拱门穿行于不同走廊。有的走廊是互相平行的,有的走廊间隔则宽窄不一。在走廊的末端设有一个 3m 高的大镜子,在镜子中,这些走廊会无限延伸下去……

走廊在迂回曲折中变化,在游客游玩的过程中,会进入一道封顶的黑暗走廊,走廊的北面立着一面约 17.5m 长 ×3m 高的单镜面,与一处大三角形的镜面空间相互呼应,通过这个多样化的反射表层,在镜子的另一边你可以看到,有着一处变幻多样、没有尽头的绿色森林,会使你体会到被绿色世界包围的美妙感觉。

如果你在里面随意穿行,就可能会迷失了自己。其实,真正的出口是花园侧面的两个封顶黑色走廊。在这里你才知道,原来之前所看到的镜子都是单向镜面。在出口的走廊中,你通过玻璃可以看见里面人的任何举动,可他们却看不见你。

解读

万桥园
GARDEN OF 10000 BRIDGES

撰　文	丁　帧
摄　影	王向荣
资料提供	West 8

| 设计公司 | 荷兰West 8城市规划与景观设计事务所 |
| 主创设计师 | Adriaan Geuze |

"我们的园林讲述的是生命的故事,人的生命之路。这条路跌宕起伏,忍辱负重,连接了忧愁河上的众桥。在这座园林中,生命是一条绵延不绝的蜿蜒小路,更恍如一座迷宫。这条小路深入茫茫自然,带你去渡万座桥。"荷兰设计师Adriaan Geuze的解释颇具哲学意味。

万桥园所在区域邻湖且接近园区中心,设计的概念非常简单有力——桥、小径和竹子,设计师在开始时就希望借助地理优势打造一座别样的展园,建成后的万桥园吸引参观者的则不仅仅是园林本身,还包括世园会的山水美景。

在整个园区中,一条砾石小径只设一个入口和一个出口,贯穿全园。狭窄的小径象征着生命,如古希腊神话中的名匠Daedalus设计的迷宫,曲折盘回,带领参观者远离宽敞的大道和人群,深入茂密幽深的竹林,经过每座桥的桥上和桥下。参观者身处园中,不知自己所处为何,也无法看见前路有多远。"只在此山中,云深不知处",唯一可以清楚把握的,仅仅是此时此地的自己。或许还可以听见,在其他小径上探索前路的隐隐人声。"空山不见人,但闻人语响"两句唐诗,很好地概括了中国人的自然观,也概括了设计师想通过万桥园展现给参观者的自然。

所有的迷局和不解,在五座彩虹般的拱桥上得到了解答。当参观者沿着狭窄陡峭的楼梯艰难地登上桥顶,一目了然的不仅仅是已远在脚下的竹林、周围雕梁画栋精彩绝伦的园林,世园会的山山水水已尽收眼底。每座桥都是参观者的必经之路。它们的位置经过精心选择,如桂林的山峰般层层叠叠,亦与世园会的总体布局相呼应,使参观者站在每座桥上都能得到不同的视角和景观体验。

万桥园里,桥的制作工艺都采用了现代的混凝土浇筑技术。五座桥共分高中低三种类型,一高三中一低。为控制成本,所有的桥都通过混凝土模具在工厂完成。每座桥都是由完全相同的两个半弧混凝土模件现场拼接而成,合在一起就构成了拱桥造型。桥的内表面保持光滑,仅留有扶手方便参观者攀爬。外部结构以混凝土翻模竹叶印花装饰。

设计师表示,在设计中尝试了各种不同的模板纹理,最终选择了竹叶的投影图案。它取材于自然主题,也是中国水墨画最常见的题材之一。模板嵌入混凝土浆表面后,在混凝土尚未完全凝固时取出,形成的纹理受混凝土湿度影响变形,在似与非似间达到丰富而非单一的肌理效果。在桥的模块成型后,将以手工给混凝土内外表面,特别是外部纹理涂以红色环氧树脂。中国红是最佳的选择。由于纹理凹凸不一,岁月和环境将进一步雕蚀这些纹理,使桥随着时间的演进呈现出愈来愈美的状态。END

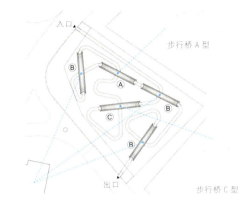

步行桥 A 型　　入口
步行桥 B 型　　出口　　步行桥 C 型

解读

山之迷径花园
GARDEN WITH A LABYRINTH OF MOUNTAINOUS PATHS

撰 文	丁帧
摄 影	唐京平、王向荣等
设 计	EMBT
主创设计师	Benedetta Tagliabue

如果你去过上海世博会，就一定会对西班牙馆——"藤条篮子"印象深刻，"山之迷径花园"就是出自同一位设计师之手——西班牙新锐建筑事务所EMBT创立人之一Benedetta Tagliabue主持设计了这座花园。山之迷径花园虽然是出自国外设计师之手，但设计师的创作灵感却取自于中国山水画，参考了中国水墨山水画的意境。她大胆地以中国山水画大师张大千的作品为蓝图，以大自然的材料，打造出一处人造的山水迷宫景观，也就是说，设计师将山水画放进实际的园林景观里，让人在其中游走往返而不知去向，有如体验山水的实境。

走进园林里，会看到处处以竹编而成的长方形板材，除了从入口处贯穿到基地最远端，也可以在园林里的小径旁，看到这些竹编制品。

这些矗立在半空中呈现发散条状的竹编片是由西安的老师傅们一个个手工编制而成，再由竹子做成的支柱撑起，有如一般的棚架。不过，Tagliabue想表达的是，这些竹编制品也象征了山水画中那些山峰的感觉，在半空中代表山的雄伟。

踩在脚下的石子是由浅灰、深灰及白色卵石组成，不仅用脚可以感觉，也可用手去触摸，感受独特的纹理，体会与自然同在的感觉。小径两旁的长条竹编篱笆，以不规则方式将花园中的花草围起来，作为分隔，也确保花园的私密性，而布满其上的攀爬植物，更贴近乡村的篱笆围墙。小花朵朵搭配竹编原色，显得格外明显。山水画当然缺不了水，园中也有一小处水池，池内栽种莲花，也是非常中式的庭院花卉代表。

按照设计思路，设计师致力于构建一处人造景观，使其尽可能表现自然。整个作品呈一个三角形展开。三角形的山体上，树木等植物错落分布，密而不乱。花园建造时所选的材料全部取自天然。当游客走进花园，亲自触碰那些石头的纹理时，能够体会到与自然同在。

既然名为"山之迷径"，那么肯定少不了树木，否则又该如何营造"迷径"之感呢？设计师在选择树木时也是煞费苦心。"山之迷径花园"里的树木的排布充分考虑到了不同树木的生长需求。按照对生长气候需求的不同，松柏类种植在花园中地势较高的地方，花灌木和草本植物则种植在地势较低处。整个花园由中国的藤编篱笆围合起来，以确保花园的私密性，并在其上爬满攀援植物。

解读

1 主入口
2 竹林
3 楼梯
4 藤架
5 台阶
6 小径
7 长凳
8 次入口
9 夯土墙

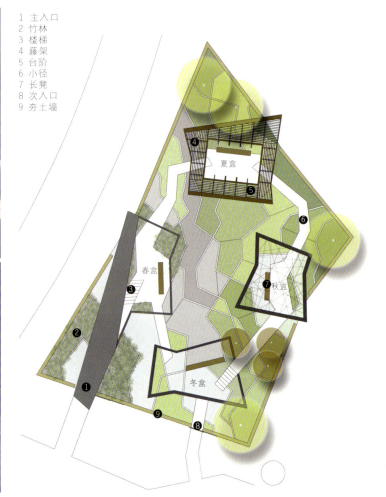

四盒园
FOUR BOXES GARDEN

| 撰　文 | 艾　草 |
| 摄　影 | 唐京平、王向荣等 |

| 设　计 | 北京多义景观规划设计事务所 |
| 设 计 师 | 王向荣　林箐 |

作为世园会大师园之一的"四盒园"，以四合院的谐音来命名。既然是从谐音而来，那或多或少也有点关系。四盒园的大概形状也有点类似四合院的布局，但是不同的是四盒园内的几个小园区都是不规则的形状，似乎是在强力摆脱传统四合院方方正正布局模式的束缚，各自展示着自己的魅力。

在设计中，设计师试图在狭小的地块上，用一些乡土的材料，用简单的设计语言，创建一个空间变化莫测的花园。这个园林具有四季的轮回，它吸引人去体验和感知，无论人们在其中漫步还是静思，都能感受到花园浓浓的诗意和中国园林的空间情趣。

花园由夯土墙围合起来，利用石、木、砖等材料建造了四个盒子，它们分别具有春、夏、秋、冬不同的气氛，形成四季的轮回。这些盒子和围墙一起，把花园分隔成一个主庭院，以及位于盒子后面和旁边约10个小庭院，这也是中国园林的典型结构。花园的地面也统一在整体的流动的线形之中，并赋予其植物、白砂、黑砂、青瓦及水面等不同的材质。

花园南部朝向广场是2个出入口，木制的园门可以开启和关闭。进入主要入口就是由白粉墙建造的"春盒"，跨过一座小桥，来到"春盒"的中央，坐在长椅上，透过墙上的门窗，可以看到主庭院的景色，以及四周春意盎然的竹丛。窗的开启和关闭会让春盒中的游人具有不同的景观体验。

"夏盒"是一间木制的花架屋，由于木材的搭接方式不同，花架具有独特的光影效果和戏剧性的视线体验。木屋的中心是一个小院，开启和关闭的门同样会给游人带来变化的视觉感受。花架上面爬满葡萄，就像西北的农家院中常见的景致。

"秋盒"由石块砌筑，其地面比中心庭院高1m，墙上有许多正方形的窗洞，形成一个个画框。通过这些画框，游人可以看到花园内外不同方向的景色。秋盒的顶面是金属网，上面爬满爬山虎。

最后的盒子是由青砖砌筑的"冬盒"。由于砖砌筑的方式不同，盒子4个面的通透程度也不同。"冬盒"的内外都是白色砂石铺地，如雪一般。在冬盒中，人们坐在长椅上，可以看到中心庭院的景色，透过砖墙上的空洞，也可以看到"春盒"外的竹丛。人们可以从"冬盒"走出花园，也可以重新进入春盒，开始另一个四季的循环。

大挖掘园
BIG TRUMPET GARDEN

| 撰 文 | 丁帧 |
| 摄 影 | 王向荣 |

| 设 计 | Topotek1 |
| 主创设计师 | Martin Cano |

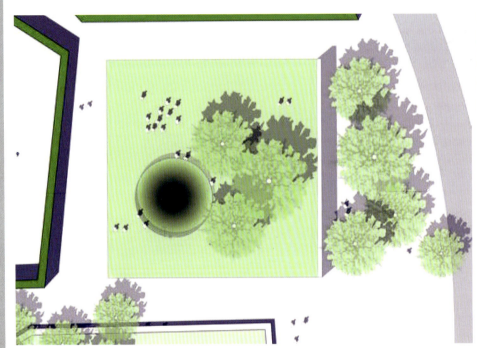

几乎所有人在童年时代都曾幻想过：一直向下挖地洞，就会挖到世界的另一端。但大多数人从没有想过去实践自己的幻想，德国Topotek 1事务所主创设计师Martin Cano这次却从世界的另一端向西安世园会大师园进行"大挖掘"，向世人展现了一个沟通世界的"出口"。这个"出口"就是大师园中的大挖掘园。

大挖掘园地势平坦，整张大草坪向四面铺开，草坪的边上树丛茂密；在草坪的中央，一个大地洞若隐若现，整个场所好像被吸入地洞之中；地洞四周，设有玻璃扶手，吸引着人们前来一探究竟。

"大挖掘园"地洞是个受到热捧而令人驻足不前的一处景点。只见1000m²的大草坪中央，有一个呈喇叭状、深不可测的大地洞，似乎有一种无形的力量要把人吸入洞中。从传统意义上来说，花园是将人们带入一个"外来"空间的地方：从室内到室外，从城市到自然，从一种文化到另一种文化。但大挖掘园是世界两端交界的尖端点，游客可尽情发挥他们的想象力，幻想中国以外的异域风情。这个地洞不仅是一个物体，同时也为游客提供仔细观察表层地面的空间体验。

"人人心中都有一个世界梦，幻想着世界另一端的景象。也许是因为距离产生美，也许是对异域文化的向往，或是对未知地理的着迷，孩童时代大人们会告诉我们，如果我们一直挖地洞，就会挖到中国去。这个'世界梦'实际上反映了人类的冒险探索精神和对地球另一端永无止境的好奇心。我们禁不住设想一下：如果我们一直挖地洞挖到中国去，结果将会怎样？在本花园中，我们创造了挖地洞的结局：即地洞到达中国的那一点。在这个地洞中，我们捕捉到精确的一个位置，这是世界两端交界的地方，游客在此可想象世界另一端的景象。"

大挖掘园的最大特点是把地球作为概念创意的参照物，场所不再是二维平面，而是三维小球体。下沉的地洞借助物理行为，激发游客情感，为游客营造跨国环境氛围。地洞若隐若现，整个场所宛若一张人工大草皮，被吸入地洞之中。四周保留了原有的树木，以维持场所的原状。地洞则是草皮下方的一个10m宽混凝土壳层结构，四周设有玻璃扶手，吸引游客前来观看。为进一步激发与花园相关的情感，设计师利用地洞的外观，把它当做一个扩音器。

设计师还在地洞中安装了特殊的音频设备，来播放来自世界另一端的音频文件。他们选择了阿根廷、美国、瑞典和德国作为外国站点，当游客接近地洞时，能够聆听到世界另一端的声音：那是来自阿根廷彭巴斯草原上的奶牛，这是来自纽约交通干道上的通勤者，还有瑞典斯德哥尔摩的海员，以及历史悠久的德国街区。这些声音能够激发游客的想象力，把他们带出中国，离开花园，离开地洞，到达世界的另一端。

解读

山水中国地图园
LANDSCAPE GARDEN OF MAP OF CHINA

| 撰　文 | 豆丁丁 |
| 摄　影 | 王向荣 |

| 设　计 | mosbach paysagistes |
| 设 计 师 | Catherine Mosbach |

在每个中国人心中都有一个清晰的中国地图的轮廓，法国设计师Catherine Mosbach设计的"山水·中国地图"园，就用园林艺术绘制了一幅立体的、自然的中国山水地图。

"在中国，山水画与园林艺术一脉相承。"Catherine Mosbach表示，"山水·中国地图"园遵循大型皇家园林的法则，取意于著名自然风景区的微缩景观，是为了神似而非形似。于是，借助当地的轮廓线，她设计了一个符号，这一符号由10条主要河流嵌出，转换为从北向南的开放性线条。重新摹写的网格是一组线性结构，取意于四处尚未完工的线性工程，以及历史上当地游览自然名胜风景区的方式或通过自然名胜风景区保护自己的方式。随后的这些轮廓线赋予花园以形。重新摹写的网格是一组线性结构，河流的轮廓被画在地面上，地面上搭起的网格线条随着地面上的轮廓变化，在空间中"画"出了山水的模样，这些轮廓线最终赋予花园以形，创意性的线条与传统的山水达到了完美结合。

对于园子来说，水是自然不能少的。灵动的水给花园带来了生命与活力，静态的水是花园的眼睛。水池中反射出的细微景致，风浪下带动的色彩的变换；这一系列轮廓线的组合与搭配，会使你感受到游走于山水中的恬静。在这里，游客游憩时，在不同的季节会有一些独特的发现。裸露于土地上的一些突出的开敞轮廓线，淹没于一年生植物群落中的轮廓线交错其中，整齐的线条在错落中导演着"变换"的美景。

植物的种子，在这些线条间有规律地分划着。这些线条以不同标高勾画出的廊道，精心布置着不同季节着色的植物间的空间。作为从种床向地面的引导，同时也作为一个网格的支撑，这些硬朗的线条使得横向拉条的水管得以解放，并随地形的起伏灌溉了侧面。这种对比及其色调的变化——宽敞与狭窄、黑暗与明亮、密集与稀疏、垂直与水平——成为营造不同景色的基础。

解读

通道园
PASSAGEWAY GARDEN

撰　文	艾草
摄　影	唐京平、王向荣等
设　计	Terragram Pty.Ltd
设计师	Vladimir Sitta

花园是探索人与自然关系的场所，当我们与自然一起嬉戏，或试图考察和洞悉自然的秘密之时，我们是谦卑的人。这座花园依然保留着花园对人应有的魅力，因为人类似乎天性渴望接触真实的宇宙，而不是一个实质上由人制造的世界。

花园为每个多少有些个性的设计者提供了进行探索和实验的机会。有些设计师过惯了舒舒服服地蜷缩在他们已经用惯了的"风格"的安全小天地中的日子，失去了对真实世界和当今社会环境及文化内涵的兴趣。许多西方国家的公共空间由于要受到严格的审查和安全与风险管理的制约，从而丧失了园林为人提供与真实自然接触机会的本意。

没有神秘感，一览无余的花园不能称之为花园。游人只到花园一次，就能想象出这里四季的景象，那么这样的花园将是没有吸引力的。门、出入口和出其不意的开口都是邀请游人探索的符号。游客的花园之旅应该像读一首诗歌。只有将散落的词汇串连成句子，才能真正品味这个花园。许多现代园林都只是简单地依靠地面图案而忽略了三维空间的作用。这样的花园是缺乏神秘感的，是空洞的，游人无法在花园中进行沉思。人们喜欢频繁地对花园进行鸟瞰拍摄，然而大部分游人是不能到空中去欣赏这个花园的，真正的游客都是脚踏实地走在花园里的。

检验一个花园最终成功与否的标准是时间。我们总是关注某一个瞬间，然而一个成功的花园是一个积累的过程。瞬间的"成功"可能会伴随时间而失败，而原来的"失败"可能会意外地扎根而出人意料地发展。时间会揭示很多事情。设计西安世博会这种小花园也是一样的。对于一名设计师来说，更小并不意味着更容易和简单，而是更加敏感和更加关注细节。一个花园，无论多小，仍是一次实验和发现的机会。花园在开幕和展览的过程中固然是重要的，但是花园在展览之后的发展和成长是更多的。

这座花园受到了中国文化和历史以及传统的中国园林和自然景观的启发。该设计的初步方案的一个灵感正是来自西安的兵马俑，这就是由火锻造的景观。

土和水则是所有花园的根本组成部分，土壤同时作为植物生长的一种软质媒介。如果我们去掉水，替换为火，土壤将经历一个根本性的从无形到永恒的转变。火则成为花园的创造者而不是毁灭者，我们对这一想法进行过彻底的探索，不幸的是这一想法在很大程度上还得依靠经验，加上设计师身在澳大利亚，使得这一想法很难继续深入。

最终的概念设计是将地块空间划分成3个室外花园房间，同时每一个房间都各具特色。每一个花园房间的设计都会体现其对未知事物的追求、持久性和非持久性以及水和火元素的对立。花园中墙体起到了主导性的作用，墙体上的开口隔断和打开空间，是基于设计师对于月洞门的理解。门是清晰易懂的符号：一些门可以被很大幅度地打开，背后的风景便一览无余；一部分门让游人可以看到风景却找不到入口；一些门则永远关闭。门是控制出入口的设施，但它同样可以产生一些戏剧性的效果，甚至可以戏弄游人。月洞门在强调其后的风景的同时又遮挡了一部分风景。面对这样的门就像在翻阅一本书，人们不确定将有什么事情发生，因此人们迫不及待地想知道后面的故事。月洞门能够吸引游人视线，并给人留下深刻的印象。由于对于月洞门的着迷，设计师尝试如何用现代的方式演绎它，他们在花园的尽端设置了一个月洞门，引导游人对于未知进行最后的探索，探索过后，游人可能发现他们已经走出了花园。

这个花园依靠永久性和非永久性的相互作用而保持生命力。虽然永久的墙壁和扭曲雄伟的松树定义了永久性，但是植物生命的无常和短暂性又让人产生质疑。这种永恒的外观由季节的变化和植物自然演替来打破。竹子将整个花园都屏蔽起来，加密加厚的竹子使整个花园处于一个植被茂密的氛围中。白桦见证了四季的轮回，树叶由绿到金红，再到叶子落光，只剩下光秃的树干，直到春天叶子再次抽芽。隐藏的球根瞬间绽放，而后凋谢。花园的砾石中散落着红色罂粟种子，或许某一天游人来到这里会发现绽放的罂粟，然而这些都是未知的，我们不确定种子的生命力和耐力。脚下的软砾石进一步证明了它的非永久性，游客的脚印会被后一个参观者抹去。一块硬陶的地面将由西安的小朋友来留下脚印，并伴随他们的成长成为永久的记忆。

伴随永久性和非永久性，水和火的进一步对立将在花园的水池中产生。这是一个戏剧性的元素搭配。为游人考虑，设计师引入电影一样的排序。不像致力于少数特权阶层的花园，西安世博会花园需要适应洪水般的游人。每一道门和之后的花园房间都有自己鲜明的特点，那些走马观花的游客不一定能理解它们。然而设计师希望在园博会这个盛会之后依然保留这个花园。游人反复的参观能够激发他们越来越多的思考，像读诗一样去重新诠释这个设计，最终这里将回归安静和沉思。

黄土园
LOESS GARDEN

撰　　文	丁 帧
摄　　影	唐京平、王向荣等
设　　计	SLA
主创设计师	Stig L Andersson

在中国文化中，"黄土"有着特殊的意义。在风力的作用下，黄土能够堆积形成肥沃的平原。在中国悠久的历史上，黄河是我们的母亲河，养育着中华儿女。步入大师园之一的"黄土园"，你就能在这里感受一场"黄土"的盛宴，亲近泥土，亲近大自然。

在黄土园中，放眼望去所有的元素都与"土"有关。虽然展园是出自丹麦设计师之手，但一定会让国人产生无比的亲近感。走进园中，最醒目的是一个不规则的平底水池。水池面积为315m²，深40cm。丹麦设计师Stig L Andersson说："池中绝大部分黄土都是从黄河收集而来。我们还收集了来自西安北部7条河流的泥土以及中国其他省份的泥土。收集的泥土晒干之后，先存放在当地仓库中，然后用这些收集的泥土对水池重新进行填埋。"

这是一个浅水池，如果身在园中你可在其中行走，池中湿润的黄色地面能够倒映出四周的景色：大树、天空，还有你的身影；当水池干涸时，黏土便开始开裂，形成月形表面；当喷泉湿润黏土时，黏土又重现，这就宛若黄河的眼泪在园中的土地上流淌。喷泉的用水都是从大自然收集的河水和雨水。水池的底座还堆砌着一些倾斜的石雕和垂直的镀金钢铁边缘，是艺术与现代的美妙结合。这些石材取自本地，钢铁边缘则是用垂直的材料互相堆砌形成的，保留最自然的原貌以形成蜿蜒曲折的形态，给水池增添了几许灵动与柔美。花园里摆设的9个赤陶泥塑，都是用手工制作，经烘烤而成，延续了几百年以来的工艺传统。这些泥塑都穿上了红色的"亮衣"，在周围树木和泥土的衬托下显得格外鲜艳。

水池的四周是一条长140m的砖路，沿着这条路你可以一直穿过花园。砖路时宽时窄，像一条蜿蜒的河流，绕过层层的障碍，流畅前进。花园是一个矩形围合，四周是浓密的竹林。园中有7棵保留下来的大树和83棵新植入的大树，还根据观景点的不同，选取了5种外来开花植物，地面上则种植了麦冬。这些树木的树龄不同，造型各异。当有的树木茁壮成长时，有的则开始凋落，演绎着植被生长的轮回。

花园的西侧设有一个入口。花园地势平坦，水池四周的地势略高于中间。因为花园底座的地势比四周的土层和竹林都要低，游客进入花园时，是一路向下，竹林中的风声与青蛙的呱呱声融合在一起，让人们可以尽情享受泥土的乐趣。

黄土园中到了夜晚还有绚丽的灯光，利用光纤技术进行照明。喷泉中，让水流在白光中跳动。花园小径沿途摆设有低柱，黑色的细柱子安装有筒灯，用浅蓝色的光照，以突显小径的蜿蜒曲线，同时又照亮特定的树木以及整个地面的植被。带有过滤器的聚光灯还把青蛙的头像投影到泥层之上，金黄色的灯光更加重了黄土的气息，打造了最自然的环境。

解读

植物学家花园
BOTANIST GARDEN

撰　文	丁帧
摄　影	唐京平、王向荣等
设　计	Gross.Max
主创设计师	Eelco Hooftman

在西安世园会大师园中有一座园子叫"植物学家花园"，在这里游人可以见到不少的珍稀植物，充分领略植物与园林的相互影响，而且这座园子还寄托着两位英国园林大师对一位与中国有密切关系的英国植物学家的深切缅怀。

据主创设计师 Eelco Hooftman 介绍，这座园子缅怀的植物学家叫 E·H·威尔逊。他是大不列颠最著名的植物引种家之一，在 20 世纪的前 11 年中他曾多次到我国考察。威尔逊的第一次中国之行始于 1899 年，当时他收集到珙桐的标本。随后几年，他陆续收集了 5000 多种植物，这些植物改变了西方园林的面貌。他在《植物引种》一书中写道，"世界上任何地方的花园都离不开中国花园的影响，因为中国是'花园之国'。""而且中国的园林设计和丰富的植物种类，对世界园林艺术都有着深刻意义。陕西秦岭是中国植物物种最密集最丰富的地区，我们以此作为园林的设计创意，来实现自然界一草一木的和谐关系。"

为了缅怀这位与中国有着密切关系的植物学家，设计师在设计中吸收了许多中国元素。"我受举世闻名的中国兵马俑的启发，在花园地面铺装和墙体施工中采用赤土作为主要的原料，所选材料是当地预制砖块和平板砖的结合。在项目的调研中，我们参观了位于西安北部、有着'陶器之乡'的铜川陈炉古镇，以及富平县的砖厂和国际陶艺博物馆。"

这个园子包括了一系列的独特空间：前庭、外院和内室。前庭营造了从世园会的外部到花园内部空间的过渡。庭院的地面用内嵌的陶土和平板砖进行铺装，四周用砖墙进行围合。电线将装着蟋蟀的竹篮悬挂起来，穿过前庭的空间。"蟋蟀的叫声将营造独特的环境氛围，这也是本项目超现实体验的一部分。另外，一棵雕塑树（油松）和加长的座椅使得整个空间成为一个整体。"设计师介绍。游客从外院可沿着散步道到达内室，这里设有一个圆形的围墙花园。这片圆形的墙体由堆砌起来的瓦片构建而成，颇有特色。END

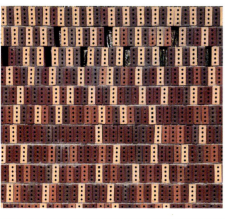

王向荣摄

论坛

溯源中国传统文化：
设计的超越与回归

撰 文 | 谷雨、卫霖

中国室内设计行业正处于蓬勃发展的时期，经过20多年的设计实践，越来越多的设计师开始深入地思考设计，希望能够建立中国自己的设计理论体系，寻找具有中国特色的设计道路。

中国建筑学会室内分会近期一系列的学术活动为此提供了一个良好的交流平台，希望能够推动中国室内设计行业更好、更健康的发展。作为专业媒体，《室内设计师》非常乐见这样的学术动态，亦将责无旁贷地参与和记录中国室内设计行业的这一发展过程。

——编者按

作为国内唯一的室内设计学术团体，中国建筑学会室内设计分会（简称CIID）一直致力于为设计师进行深度交流和学习提供平台及对行业表现突出的设计师进行表彰。有感于目前室内设计行业的过度市场化，2011年学会工作在诸多方面做出了改变，试图减少商业化的影响，促进学术化的氛围，推动广大设计师深入思考设计、加强自身修养而非盲目追求利益和业务扩张。因此，在本年度，CIID策划了四大主要活动：CIID2011年第二十一届（苏州）年会，主题为"下江南"，以打造一场"体验苏作文化、雅士生活"的盛宴为宗旨，精心安排大型国际学术论坛，涉及禅修、老建筑改造、创新家具、论"东方主义"、酒店设计、瓷道、设计与社会等方面的中型主题论坛并邀请数十位苏作大师举办小型文化沙龙，为设计师分别解读苏州园林、苏作玉雕、苏扇、红木家具、茶道、香道、昆曲等优雅生活元素。中国首届"设计再造"创意大赛将力倡创意与可持续发展的结合，让设计更普遍地走入大众生活。CIID2011年度全国巡回学术交流以"设计生活、生活设计"为主题，是CIID首次作为主办方在全国范围内组织的学术交流，邀请了国内外设计大师和跨界嘉宾从多种角度与设计师分享心得。2011中国室内设计影响力人物评选将特邀专业媒体主持，以彰选更具传媒影响力的优秀设计师。

2011年6月27日，2011年度全国巡回学术交流继北京站、成都站活动之后落脚长沙。本次交流活动的演讲嘉宾却并非一般学术交流活动习见的设计圈内人士，而是首次大胆尝试邀请看似与设计无关的文化界达人——中华汉字研究院名誉院长、文字学家白双法先生和前中国佛教协会会长一诚大师的高徒纯善禅师。这也是学会考虑到社会对设计作品内涵要求越来越高，"跨界寻求灵感"的呼声在业内越来越得到广泛共鸣，同时设计师也日益反思"崇洋"、跟随潮流的弊端而越来越注重从博大精深的中国传统文化中吸取养分，因此主办方特邀两位圈外嘉宾来"跨界"论道。白双法先生结合道家思想，阐释了深藏在文字背后的中华神魂，为设计师探索中国传统文化宝库提供了开启之钥；纯善禅师则从佛教禅宗的视角，论述了设计与心之间的关系，倡导设计师诚修己心，以心化境，为浮躁不安的现代人营造出能够身心安居的空间。我们在此撷取了演讲的精彩内容以及中国建筑学会室内设计分会常务理事、苏州专业委员会主任宋微建先生、湖南专业委员会主任刘伟教授关于设计向中国传统文化寻根溯源必要性的阐释，希望为读者提供一些启迪及新的设计灵感结合点。

中国文化是世界不可缺少的环节。西方人已经越来越意识到世界有西方之外的思路和声音,作为中国设计师更有必要去撷取国学宝藏为当下设计所用。倡导设计师学习国学,即试图在设计师心中种下中国文化的种子,从而滋养出真正打动人心的作品。

宋微建:另一种解释世界的方式

从改革开放到现在,室内设计这个行业在中国从无到有,经历了三十年的发展,任务量已经非常大,但理论层面严重缺乏。室内设计这个概念本身就是一个舶来品,古代对室内空间的修饰基本是通过建筑格局和摆设的布置来实现,其意义通常大于形式,现代的室内设计却已经重形式超过意义。我觉得作为一门应用学科,室内设计有必要对思想文化进行了解。我们希望通过学会这一年的活动,推动设计师来关注我们自身的文化建设。

现在中国概念很流行,我们很多设计师,一提到"中国",就是把很多符号排列组合、变形,效果往往很有限,要么是仿古,要么是改良。我就有疑问:中国传统文化呈现出来的符号,能不能等于文化本身?比如窗格,是不是等于园林?如果把苏州园林里所有的符号比如雕花、窗格拿走,留下建筑,留下空间,那园林还在吗?我觉得还在。园林的价值在于其空间格局,而不是符号。这种对空间的认识,到今天仍然适用,与西方体系完全不同。西方思想的原点是人定胜天,而东方思想的原点是天人合一。中国人的生活目标是与自然协调,生活在自然中,西方则是要成为自然的主宰。既然不一样,我们怎么善用东西方的理论?不仅是我个人,据我所知,很多资深的、高端的设计师现在都感到很迷茫,迫切希望能有所改变、有所突破。在与西方的交流中,向来都是我们听他们说,但现在情况就有变化了。我们巡回交流成都站邀请了意大利AM设计公司总设计师来演讲,在问答环节就有几位设计师对他的一个项目提出了很多质疑,这在以前是很少见的,都是人家讲完我们鼓掌。后来我们交流我就简单地跟他讲了一句,我觉得他那个项目太过"着相"了,结果他一路上一直追着我问到底什么是"着相"。他这个项目是中意在上海合作的一个大型项目,他的方案被业主否定了,他很痛苦,不明白哪里出了问题。刚好我也是研究传统文化有了点心得,就跟他讨论,这个方案中用了大量穿透的线条,我说你看我们中国古代建筑那个屋檐的角,都是翻卷上翘的,没有直接戳出来的,我再指着他的脑门,问他感觉怎么样,他说不舒服,我说是这样的,我们江南园林的花窗,线条那么繁复,但不会是穿透的、戳出来的,那个会给人不吉利、不舒服的感觉。他恍然大悟。我又问他如果拿掉这些线条是不是就不能做设计了?这就叫"着相"。他听了之后就心甘情愿地要回去改方案了。我认为现在的世界架构是有残缺的,缺少了中国这一块。不要把中国文化看作是土特产,是区域性的,中国文化是世界不可缺少的一环。西方人已经越来越意识到,这个世界还有另外一种解释的方式。而我们在中国文化的环境中成长,反而对自己认识不足,所以我们今后要考虑的,就是如何取国学宝藏为当下设计所用。

真正了解中国传统文化,不是简单地去掌握一些符号,而是要把握符号背后的精髓所在。即使皮是西式的,格局是西式的,照样可以实现天人合一的本质。我们现在的设计教育体系都是西方的,城市建设理论也是西方的,这都是有问题的,我觉得有社会责任感的设计师们要正视这些问题。当然,设计语言的转化是很难的,转变不是一蹴而就。我们如今倡导设计师学习国学,不是要广大设计师变成文化研究人员,而是希望在设计师心中种下国学的种子,至于他们会走到哪一步,完全凭个人悟性。我相信潜移默化之下,一定会有效果,会产生打动人心的作品。中国五千年传承下来的文化有其深刻道理,不是我们现在为形式而形式所编造出来的,所以它不会过时。CIID2011年年会的主题就是"下江南",我觉得江南是一个在中国文化中独具意义的区域,它总是会在人们心目中氤氲出一种人文荟萃、风流蕴藉的氛围,几百年来一直如此。我们希望来自全国的设计师,在苏州的城里城外、巷里巷外细细品味诗情画意的江南,品味"设计"和"生活"。

近年来，越来越多的设计师感觉到有必要重新构建中国室内设计的理论体系，特别是要向中国传统文化回归。长期以来所习用的西方设计语言在当今中国设计实践中已走至困境，设计师亟需说自己的话，建立自己的体系。这并非排斥西方，而是重新认识自己。

刘伟：回归传统文化、回归本心

近年来，我和身边的很多设计师朋友都越来越感觉到有必要重新构建我们室内设计的理论体系，包括要向我们的传统文化回归。我做了20多年室内设计，在大学里也教设计，我们所沿用的体系一直是西方的，但我发现其实我们的体系是比较零乱的。现在市场比较好，但慢慢大家也要思考，这么好的市场是否能长久？而且西方的设计师越来越多地进入中国市场，如果我们一直跟西方"当学生"，那我们又要拿什么去跟人家竞争？而另一方面，随着这二三十年实践经验的不断积累，我们也开始认识到以前对西方的崇拜是有盲目性的，同时我们对自己本国的文化思想体系认识是很不够的。这种情况下，我们就感到了矛盾、怀疑和冲突，感到有必要重新开始思考：我们自己在哪里？我们要到中国传统文化中寻找自己的根源。所以我们今年的学会活动，特别是苏州年会的主题就很明确，中国风。以前其实还比较模糊，这里抓一点那里抓一点，号称是多元，其实是因为缺乏明确的主旨。实际上我觉得生活中还是需要有一个次序的，没办法的时候才要多元、混杂，清晰的时候自然就简单了。当我们内心的次序没有建立起来时，大家的状态其实是很疲惫的。特别是一些一线设计师，我们发现他们状态特别松弛的并不多。我把这些想法跟很多同行和相关行业的朋友交流，对此大家几乎都有共识。大家都有些感觉，或许"中国世纪"即将到来，我们要说自己的话，要有自己的体系。这并非排斥西方，而是重新认识自己。这是我们经过成长、成熟，回过头来解读西方，解读我们所走过的路。

我觉得我们现在首先是要总结自己，其次要发现问题，看看我们的危机在哪里，然后决定到底该往哪个方向走、该怎么走。所以这次活动没有请国外设计师来讲案例，因为我们暂时不需要，今后会去探讨，但其实我们与国外设计师之间以前基本谈不上探讨，只有接受，因为我们自己没有去琢磨，去形成体系。而我们越来越感到，以前那套西方语系在我们的实践中到一定程度就走不通了。比如我们湖南省博物馆的设计，政府领导要求必须找世界级设计大师来做。之前我们本土设计师也提出过非常好的方案，但是他们不信任。那我们差在哪里？是结构技术不够？是对材料的认识不够？还是对文化的认识不够？对人心的了解不够？我想更深层的原因或许是我们中国人从整体上讲对自己的信心就不够。一百多年学习西方的历程中我们放弃了很多不应该放弃的东西，举个很小的例子，去年我一个同学的女儿要去德国留学，父母不理解为什么她一定要选择德国，她说从小读着《灰姑娘》之类的童话长大，一直想去看看真正的古堡，她是要去圆梦。我听了真是悚然而惊，文化上的熏染太厉害了，从童年时期就灌输进内心世界里。我们堂堂华夏民族，自己的神话和梦在哪里？所以现在我们要开始讲自己的话，可能会磕磕绊绊的，没那么流畅，因为换了语言体系了，可是你会感受到其中有一种真诚的、发自内心的东西，而不再是浮华和虚荣。这种东西可能就会感染人。我们就在考虑，这次学术交流要发掘一点中国文化中根本的东西，以前我在跟长沙的设计师交流的时候就尝试性地讲过一些设计之外的内容，结果很受欢迎，所以我们这次请了白双法老师和纯善禅师。白老师讲的是汉字，看似与设计无关，但我个人的体会是听他讲过之后会觉得很多思路清楚了，同时又会认识到自己缺失的真是太多了。而纯善禅师以一种方外人士的视角来看待设计，他有非常犀利独到的见解，会帮助我们从迷茫状态中清醒过来。有时候我们身在此山中，确实难以认清庐山真面目。文化和传统虽然无形，但却真切地影响着人们生活的方方面面，作为设计师尤其应该对其有所了解。

白双法：重新认识汉字

人类通过语言认识事物，而用文字记载来把握事物。受西方语言学符号论影响，我们误以为文字是语言的符号，语言是思想的符号，所以文字的本质是符号的符号。设计师们也一味玩弄符号形式，迷失了符号背后的神魂。实际象形文字和拼音文字是并行共存的关系，设计师从掌握汉字入手窥中国文化之门径对更好地从事设计是非常有必要的。

说到汉字，大家可能觉得这有什么可说的？大家都会说会写。其实不然，汉字的学问很深。我们不妨从前阵子热炒的故宫博物院用错字说起。故宫博物院被盗后很快破案，博物馆给警方送锦旗，写"撼祖国强盛，卫京都泰安"，被人指出"撼"字用错，应该是捍卫的"捍"。本来是为了表示守卫，而"撼"字是摇动之意，正好相反。故宫博物院开始还不承认，最后专家论证，确实是用错。我很关注这个讨论，非常希望有专家出来深入问一个为什么——同样的读音，同样是提手旁，为什么意义不同，这个对那个不对？可惜最终没有看到。专家也只说这个字规定是这个意思，大家也不知道原因在哪儿。可见，中国文字遇到了巨大的问题：大家知道是什么，不知道为什么。捍卫的捍为什么右边是干旱的旱？撼动的撼为什么右边是感动的感？右边部分的声音有什么秘密？没人在思考。大家都说不出所以然的时候，错别字必然屡见不鲜。怎样才不会错？一定把右边说清楚。我们来看"捍"，本字是"扞"，右边是"干"字，也就是带枝杈的树棍，古人作战，最初的武器就是一根棍子。直的棍棒就是工具，所以工具的工就是一根棍儿，把上面的枝杈去掉，加一横，再把下面的根部去掉，加一横，就成了"工"。一根直棒只能敲打或戳刺，要抵挡的话怎么办呢？只能找带枝杈的棍棒来架住攻击，所以"干"就有防护的意思。我们说大动干戈，戈是进攻的武器，干就是防卫的盾牌。到秦始皇统一文字，整理小篆，用"捍"代替了"扞"，这个"旱"是剽悍的悍的简写，也能表达保卫的意思。再看"撼"字，小篆是"手"加"咸"，咸实际就是喊叫的喊，口是后来加的，在有些方言里咸字现在还读作"HAN"，咸是"戌"加"口"，"戌"就是斧头，斧头是攻击的利器，会带来破坏和震动，而喊是声音的振动，当大喊一声的时候，一定会让心受到震动，

所以下面加个心，"撼"就是通过动作使人身心摇晃震荡。这些弄明白了，"捍"和"撼"就一定不会用错。再比如大家做设计，设计是什么意思？"设"是立言。左边是"言"，右边是"殳"，古代的一种兵器，合起来的意思就是把言语精炼了之后立在这儿。"计"是语言来回交流，纵横交错，最后交会的、定下来的一点，就叫做"计"。这说明设计就是确立概念、然后沟通交流，做出决策，非常形象。

我们中国的体系，本来是清楚的，但是由于受到了外来的影响，变得混乱起来。百年前的西方列强入侵打破了中国人的大国梦后，我们的民族自信心至今没有很好地建立起来，在许多领域讨论问题的时候一说起来就是"美国标准"、"欧洲标准"，没有自己的标准。如今我们通常把语言和文字放在一起，合成一个词叫"语文"，似乎语言和文字是一回事，实际上是不对的。世界上有多少种语言？至今没有准确数字，只知道大概有五千多种。语言学的著作卷帙浩繁，可都是一家之言，没有大家都承认的标准。那么世界上有多少种文字呢？很简单，只有两种。一种是表意为主的方块字，一种是标音为主的拼音文字。中国自古以来有文字学而没有语言学，因为各地方言差异极大，难以互相交流，文字则是通用的。而西方字母记录声音，单个字母没有什么好研究的，要字母组合成词根、词缀，形成单词，单词再组合成词组乃至句子、篇章，所以他们研究的就是语言学。比如英语里复数加"s"，规定如此，就不好问为什么了。中西两种情况之间本来不是好和坏、先进和落后的关系，但是我们把西方语言学奉为圣旨，把我们的文字学自动降成语言学的附庸。我们现在学中文，都是讲发音、语言，然后文字是记录语言的符号，从根子上就错了。清末一系列的战败使国人感到在政治体制、经济、科学技术上都落后，归结到最后就是教育的问题。教育的问题体现在三方面，一是科举制，于是废除科举改办学堂；二是文言文，于是改文言为白话；三是汉字数量太多，不如英文26个字母简便，于是试图取消汉字，将之拼音化。前两种改革都推行开了，但是汉字却始终取消不了，只得先简化汉字，以便目前利用，这就是汉字繁体变简体的由来。

人类是先有了语言之后才造字的。反观人类为什么要创造文字？因为语言在时间和空间上有局限性。比如我们在这里讲话，其他地方的人不知道我们讲了些什么；我现在演讲，后进来的人就不知道我之前讲了什么。文字就解决了语言不能突破时空传达的问题。人类通过语言认识事物，而用文字记载来把握事物。声音是认识对象的，这个叫桌、那个叫椅，起了名字就认识了，这就是老子说的"无名，万物之始，有名，万物之母"，认识了之后如何把握？画出来，造个符号，就把握住了。无论东西方的文字，造字的思路都是从象形出发，有一个想法，用语言说出来，用文字画出来。不同的是，画出来之后两者就分道扬镳了。中国文字一直是形为主、音为辅，所以中国文化一直保持着统一性和连贯性。西方语言学的根本观点叫符号论。意思是说，我们脑子里的思想只有一个出口，就是用语言来表达。文字是语言的符号，语言是思想的符号，所以文字的本质是符号的符号。我们也将之奉为真理。我们试图将汉字拼音化，其实就是附和符号论，也埋下了打碎中国文化连贯性的祸根。我们绕着这个问题打转了几十年，现在终于开始认识到，表达思想的方式不止语言一种，图像/文字也有同等的表达思想的能力。因此，汉字根本不必

被消灭也不应该被消灭。今天我们要掌握中国一脉相承的文化，必须从掌握汉字开始。

对今天在座的各位设计师而言，掌握汉字，从而登堂入室，窥中国文化之奥秘对各位更好地从事设计也是非常有必要的。比如说，大家做设计肯定会经常接触家庭宅院中的一些处所名称，像是门庭屋瓦之类，这里面每个字的运用都是有讲究的。一个标准的四合院，北屋的正中间叫"堂"，堂中供祖先，一家子在这里议事，所以共一个祖先的叫堂兄弟。堂两侧是卧室，卧与握同音，所以叫"屋"，东屋西屋。堂后面是室，我们说登堂入室就是按前后的顺序。堂前是庭，两旁的房子叫"房"，厢房，房的本音念"旁"，秦朝有阿房宫，就是山阿旁边的建筑。壁是照壁，围起来的叫墙，墙都围完了出来的这个空间叫院，所以院字的右边是"完"。了解这这些，才能了解每一处空间的功能，便于给出合宜的设计。很多设计师因为不懂中国文化，不知道东南西北空间方位的意义，所以设计出来的房子也不能真正让人安然舒适地停留其间。我觉得设计的目的是为了体现空间，但要体现空间，周围要有物，虚实要结合。如果设计师不能掌握虚实之间到底是怎么不断转换才有了形、有了用，就不能明确空间的功用，将虚实完美地结合，结果就会变成只追求视觉美观，玩弄符号，完全没有考虑到符号背后的意义，这也与我们教育的失败有关系。好比你买了头牛，怎么驾驭？用根绳子拴着。符号就是这根绳子。我们今天教育的问题就是把绳子当作了牛，叫人记了太多符号，却把符号背后代表的灵魂抛弃了。设计师们对传统文化缺乏感悟，把表象当作了"道"，所以使出来只是花拳绣腿，不是真功夫。对于文字、符号的滥用会对人产生直接的负面影响，我们今天面临的问题是怎样和世界上的万事万物保持一致。如果不能与事物保持一致，虽然能用语言认识到、用文字把握住，但你会滥用它，滥用的结果就是人与世界失去协调，导致人和世界都得不到安宁。

设计师或许也可以从"教外别传"获得某种启示——当你站在设计之外，站在超越设计的高度上，才能真正玩转设计。室内设计本质是一种安顿生命的技术和艺术，设计师自己的心自在了，才能通过设计潜移默化地让使用者感觉到身心的安宁。

纯善：（色）设计（即）是空

我研习的是禅宗。禅宗的特点是"不立文字，教外别传"，这里面"教"是指佛教的经律论，为什么要"教外"呢？我认为，比如我们坐在椅子上的时候是不可能把椅子举起来，只有离开椅子，才能举起它；同样，在"教外"，才能玩转"教"。作为一名设计师，想把设计玩到出神入化，或许也可以从"教外别传"获得某种启示——当你站在设计之外，站在超越设计的高度上，才能真正玩转设计。另外，禅宗也常常说到"相由心生，境由心造"。其实设计也无非就是在"境界"和"相"上做文章，站在禅宗角度上讲没有一颗能设计的心，就造不出境、相，所以设计本质是人心外化出的境界，了解一点禅宗，了解一点《般若波罗蜜多心经》，可能会对大家做设计带来一点灵感。

林则徐少年时代写过一副对联："海到无边天作岸，山登绝顶我为峰"。所谓"海到无边天作岸"，海在下，天在上，本来界限分明，但临海远眺，看到无边无际的终极处它们却似乎相交了，这也是我之所以敢以一个外行的身份敢在这里跟各位设计师斗胆谈"（色）设计（即）是空"的原因，我认为"道"就是终极，站在"道"的角度来看，一切事物都有可能相交，都会有相通之处，可以相互启发。而所谓"山登绝顶我为峰"，设计和登山也有相似，登山有工具、有方法，可以学到，设计有技术、有技巧，也可以在学校里或书本上获得，但当你到了山顶，你的高度就成了山的高度，你怎么超越自己这个高度？你怎么爬到自己的头顶？同理，当你掌握了各种方法和技术之后，你要如何超越自我？这个时候可能技术和经验层面的东西都不够用了。而禅宗的教理就是要在这个层次上发挥作用，讲究"直指人心",针对的是境、相的本源——心。我也了解到在座的各位或多或少都是在设计上有所成就的,或许可以从禅宗思想中获得一些灵感。

来的时候坐在飞机上,俯瞰大地,建筑都极其渺小,更不用说建筑里面这个室内。我就想起《庄子·天下篇》里面的一句话:"天下多得一察焉以自好",意思是说每个人都用自己的角度出发观察事物,取得一些心得,然后玩得不亦乐乎。无非是在自己的某种身份上努力扮演好自己的角色,在自己那个小圈子内取得一点成就和认同就很受用了。"譬如耳目鼻口,皆有所明,不能相通。犹百家众技也,皆有所长,时有所用。"就像眼耳鼻舌,各有功用,但不能兼通。为什么不能相通?因为没有达到"道"的层面,没有在终极上去看,都是在"技"、"术"、"法"以及经验的层面上看而已。设计师也躲不开庄子这种指斥,无非是在小圈子里玩,沾沾自喜。有很多设计风格,但不能兼容并包。有一点点擅长,适应了某种潮流,但却可能很快被时代淘汰,因为你只是在那个"皆有所明,不能相通"的小圈子里玩。所以庄子接下来说"天下之人各为其所欲焉以自为方",就是天下人个个都是以自己能玩的转的为法度。"后世之学者不幸不见天地之纯,古人之大体,道术将为天下裂。"所以我们现代人的理念都是有点支离破碎的。我看很多设计师都有点身心憔悴,他吸收了很多西方的理论、概念,自己的经验也越来越丰富,知识爆炸,自身的理论体系都被割裂。"寡能备于天地之美,称神明之容。"很少人能够站在天地大美的角度,站在"海到无边天作岸,山登绝顶我为峰"的层次上来看问题、看设计。现代人一讲"心"就觉得是玄学,太玄虚了,没有西方科学或理论那么有法度。而牟宗三先生就讲过,人生要归宿于"备于天地之美,称神明之容",才能有真正的幸福。所以从这个观点出发,我就想,禅宗讲"安心",设计一直强调"安身",但当设计师自己的心都不安的时候,他那颗混沌的心外化出来的"境"真能让生命在其间安住吗?

有一个小故事可以很好地解释心与设计之间的微妙关系。以前我们以为埃及金字塔是强征奴隶建造的,后来考证出其实是自由人自愿建造的,而这种观点不是出自历史学家或考古学家,而是瑞士的一个钟表匠。这位匠人制表的精密度极高,后来他因故入狱,在狱中也制作钟表,他却发现自己怎么也不能达到以前那种精密度,而出狱后则又恢复了以往的水平。他由此意识到,不自由、不自在的心态下,无论技术多高,也难以达到极高的境界。后来这位钟表匠到了埃及参观金字塔,看到石头缝隙中甚至连刀片都插不进去,他就直觉地认为一群时刻受压抑的奴隶是不可能达到这种水平。几十年之后,考古发果然证实了他的猜想。我讲这个故事就是为了说明"心"的妙用,想要设计达到理想的状态,请大家一定关注"心"。

我今天在这里跟大家谈"(色)设计(即)是空","色即是空"原文出自《般若波罗蜜多心经》,这是六百卷《大般若经》的精华所在。经中第一句:"观自在菩萨"。什么叫"观自在"?我们刚才说,心不自在不舒展,外化出来的"境"一定是粗糙的。所以我们的心,在设计之前,先要找到那个"自在",才能通过设计潜移默化地使使用者感觉到心的那种芬芳气息,在这样一个唯物质的时代,唤醒心灵。观自在菩萨,也称观世音菩萨,千手千眼观世音菩萨。设计师先要自己得到自在,立足于这样一种视角,才能去观察世界,"观世音",就是观照世界上的各种音声,作为设计师来讲,就是你要去聆听各种各样不同客户的要求,先照顾好自己的心,然后照顾到他们的心,最后"千手千眼",可以用无限多的视角看待设计,会发现无限多的美,可以运用无限多的手法和元素,随心所欲地去设计,但是到了最后还是一切为了客户,所以是"千手千眼观世音"。回到"色即是空","色"是指物质层面的存在,世间物象都包括在内,而"设计"也是外化出一个物质的境相,所以在这里我把"色"和"设计"做了一个转换。而"空"又是什么呢?这本来是不可说的,只是为了让大家理解可以勉强地解释一下。我理解"空"就是一种成全,比如我们做室内设计需要一个空间,虚空可以包容一切。"(色)设计(即)是空"可以理解为,设计就是一种成全。传说禅宗初祖达摩将禅宗由印度传到中国,后来的禅宗二祖慧可闻名来求法,甚至不惜断臂来表达自己求传正法的决心,他向达摩祖师提出的请求就是"我心不安宁,请大师为我安心。"他代表了我们所有时空的中国人来提出这个"安心"的问题,其实我理解室内设计要考虑的也是一回事。室内设计本质是一种安顿生命的技术和艺术,让身安,更要让心安。因为只有心安了,身才能真正得到安稳。《般若波罗蜜多心经》告诉我们:"无智亦无得,以无所得故。"我们很多设计师为什么心不能得自在,就是因为"有所得"。就像前面讲的庄子所说的"一察",局限于自己一点小小的成就,患得患失,作茧自缚,心当然不安稳,这样的心造作出的外境自然也不能让人感到安稳自在。

我觉得一个设计师要成为大师第一步就是要理解"造化"。中国文化讲究"师法自然",人工似乎总难以和自然媲美,而大自然万物由种子开始,最后复归于种子,其间生长的每一阶段造作变化,各呈其相,生生不息,这就是造化。设计师以知识经验做设计,只是"造",只是就设计论设计。只有能超越出设计之外看设计,运用之妙存乎一心,才到了"化"的境界。中国文化讲"出神入化"、"大而化之谓神也",化境才是大师的境界。

芦原弘子的高级住宅世界

撰 文 | 介田
资料提供 | Nacasa & Partners Inc

居住是人类永恒的话题，它的目的是使人如何自由和尊严地生活。

而满足了基本的居住需求后，高级住宅则成为人们的终极梦想。高级住宅其实并不是过往我们眼中铺陈各种装饰符号的奢华所在，而是一种真正能予人以幸福感的所在。但对于这样的形而上的精神需求，设计师是否能在其物质属性中寻找到大比例的共同点则成为了难点所在。近日，一场为探寻"何为高级住宅"的万科·五玠坊《建筑师眼中的高级住宅》建筑论坛活动在上海Urban酒店举行，而日本著名女设计师芦原弘子亦应邀出席论坛。在论坛中，芦原弘子与众人分享她多年来为国际政要、名流、明星设计高级住宅的理念心得，以及在中国的首个重要合作作品——万科·五玠坊的住宅设计。《室内设计师》亦在会后与其进行了面对面的交流，分享她的高级住宅世界。

ID =《室内设计师》
芦原 = 芦原弘子

五感设计

ID 从资料中，我们了解到，你是建筑师，同时又是室内设计师，也是软装设计师，这在设计界并不多见，可以向我们介绍一下你的建筑理念吗？

芦原 我主要是做高端住宅设计的，我认为建筑本身应该就是城市的景观，除了在外观上有一个呈现方式之外，室内空间也应该能给人一种幸福的感觉，这两者组合在一起才能体会到高端的设计品质。

ID 你是如何理解"高级"的？

芦原 所谓高级，是有充实而丰富生活才可言及的。充实而丰富的生活，可以让人产生依赖感，空间也会有呼吸的韵律和节奏。高级住宅中安全功能、生态环保的材质及建筑立面的多样性也是重要的部分。

ID 你又是如何定义"高级住宅"的呢？

芦原 高级住宅须符合"功能"和"设计感"两大主题："功能"是包括规划用地功能的分区、生活工作以及行为动线和平面空间的关系，从而让居住者有舒心和快乐的享受；"设计感"是指利用宁静、和谐的感觉营造真正高品质的住宅氛围，拥有属于自己的独立精神世界。两者的完美结合后，居住者才能体验到从未有过的尊崇生活。

ID 你是如何打造"高级住宅"的？

芦原 高级住宅在设计上需要注重加强业主家人之间的沟通，让彼此能感受到对方的存在。这个概念是"内心的充实"，是希望将来入住的

1 高轮（AKANAWA The RESIDENCE）
2 芦原弘子
3-6 高轮（AKANAWA The RESIDENCE）

人能感受到这份内在的贵重。

ID 在设计上又是如何呈现呢？

芦原 概括起来说，就是"五感设计"，即通过视觉、触觉、听觉、味觉和嗅觉这五种感官的体验来打造一个空间。视觉是感受最直接和强烈的部分，照明设计就与其息息相关，比如，可以通过用光的方式，在家中营造出放松、愉悦的氛围，使得在外忙碌或紧张的情绪能够得到缓解，由身至心地舒展开来。其实，卧室是家中最让人放松的地方，为了实现彻底的放松，我会对卧室所使用的地面材质、地毯以及墙面进行深入的考虑，从听觉的感受上营造一片宁静，而风的流动也会对居住者的嗅觉造成影响。触觉的安心感受与材质选择密不可分，所以真材实料是我的设计中不可或缺的一部分，就以门把手来说，实心的钢制手感与空心的铝制手感是全然不同的，这种不同也会折射到开门之后对展现的景观的视觉效果和心理反应中。真正的高端品质，其实应该就潜藏于这些看似不经意的细节中。

ID 那就是说你的项目中不会用到像复合地板这样的材质？

芦原 我对材质的要求并不是那么刻板的，我会根据建筑的特点来做一些改变，让设计来适应环境。像复合地板，我也会用，但是我会用4mm的纯木贴面，这个考究的细节，目的只在于让一个孩子在接触地板时能有充分的"脚感"，对于生活有更丰富敏锐的体验。

高级住宅的中国实践

ID 您本身是一位女性设计师，大家都能感觉到身为女性的那种敏锐、细腻。当您接受一个项目邀请的时候，第一可能会关心的是什么？又会着重了解哪些要素？

芦原 一般都会先去实地看看，首先是看场地，就是看这个地方有什么特点，比如这附近是不是有一些学校，是不是有繁华街，或者绿色比较多，阳光是不是好。我会再分析下这个场地的优点在哪里，看看在设计中可以发挥哪方面的优点。当然，一块场地有优点，也会有缺点，但一些不利之处并不是说是在设计中的不利因素，反而可以利用这些因素改变一种想法，改变劣势。

ID 也就是说，你是非常重视项目能跟周边自然环境相结合，是吗？

芦原 当然，设计必须要考虑跟周边的和谐。如果周边环境不太好，很嘈杂，我会设法营造出更好的一个环境。这都要具体看场地的环境。

ID 据说，您这次来中国有去中国朋友的家里去参观，您对中国家庭印象最深刻的是什么？

芦原 世界各国都是男人和女人相结合，组成一家庭，然后生儿育女，这个是各国都一样的。在整个地球上，人其实仅仅是一个点而已。这个点，通过这种生存的方式和共同的愿望，让大家联结起来。我本人也是第一次在中国工作，以前在意大利、其他国家都有一些伙伴、朋友。在中国，也形成了这样的工作关系和朋友。这是我来到这里感触最深的。我觉得大家都是共同的，生活方式是一样的。

ID 您对中国人家里的布置、设计印象最深刻的是什么？

芦原 当时我去的是一个叠加的住宅，进门的地方是一个台阶，进去之后再进入房间，没有看到玄关。这可能是和日本不同的地方。建筑本身是吸收各国文化的一个东西，日本本身也受到西方文化的影响，当然，中国也会有一些西方文化的影响。但同在亚洲，可能生活习惯上有一些共通的地方。还有一个体会是不同的，就是中国的饮食文化是不太一样的。比如厨房的设置。国内的厨房是封闭式的，可能涉及到油烟的问题。法律规范上也有相应的规定。另外感觉建筑的墙体厚度、节点处理上，中国的做工方面还需要提高。

ID 中国人特别讲究朝向，日本人也喜欢朝南的住宅吗？

芦原 基本上，日本人也是比较喜欢南向的。跟万科合作的具体方案的探讨过程中，建筑本身各方面的条件设定比较多。我认为并不一定是朝南，但同样会有相同价值。国内好像比日本更加重视朝向的问题。可能跟土地大小有关系。因为日本资源有限，资源比较宝贵，相对中国广阔的土地，可能南朝向比较好取。当然，具体怎么衡量是一个优先顺序的问题。如果取南向，房间放在南面的话，可能整个户型设计上也有一定的局限。自由度可能会受一定的限制。具体是取朝向还是设计出更有意思的户型，这也是一个选择的问题。作为一个建筑师，我认为中国人比较拘泥于朝向。对我来讲，可能自由度会稍微受一点影响。

ID 最近，您为上海万科·五玠坊做了住宅部分的设计，这也是你在中国的项目，可以给我们介绍一下吗？

芦原 我这次负责的是这个项目的住宅部分，包括建筑与精装室内的综合设计。我觉得如果这些建筑的外立面都是一个样子的话，可能会显得比较单调。因此，我为它们赋予了"有表情的立面"，即随着居住者的日常生活，这些建筑的外貌会发生丰富的动感变化，同时，我也运用了一些先进而成熟的技术和陶土百叶这种高级的材质。超大的阳台是比较有特色的地方，居住者可以根据各自不同的使用需求，呈现室内、室外、半室外的种种状态，这样使私密、共享、亲近自然的各类需求都一一满足。

ID 前面，你一直提到"五感设计"，在万科·五玠坊中也会运用吗？

芦原 当然，在室内空间中，从门把手到地毯，从隔音墙到座椅，很多建材都是经过反复试验后才被选用，而空间的布局也是经过深思熟虑后才形成的。

ID 对这个项目的预期是什么？

芦原 我希望这是一个让生活在上海的人获得家的幸福感、圆满感和健康感的居所；也是一家人生活在一起而不会生厌的、只要想到就感到温馨、渴望回归的地方。

1-4 二子玉川项目（FUTAKOTAMAGAWARISE TOWER&RESIDENCE）
5 小箱（KOBAKO）
6-7 飞鸟山（DIANA COURT ASUKAYAMA）

理想家的幸福生活

ID 你理想的家是怎样的？

芦原 我有两个女儿，但因为工作比较忙，和孩子在一起的时间比较短。虽然在外面我很努力地工作，但最后回到家后还是希望得到一种真正的放松和安静。所以我比较理想的家，就是可以和孩子们培养感情、可以放松。简单来说，就是可以让人有回家的感觉。

ID 什么会使你特别想回家呢？

芦原 比如家里有我想看的电视节目，或者我的床特别好，我想赶紧回去躺在舒服的床上，或者躺在特别舒服的浴缸里泡泡澡。

ID 这些诉求又是如何体现在设计中的呢？

芦原 我会更多地听取委托方的人生各种经历或者想法，根据他的具体想法设计出相应的产品。

ID 你是如何在你自己的家中体现这种"回家"的感觉呢？

芦原 因为工作关系，其实，我的家就是个试验室。我会把各种想法都在自己家做试验。

ID 你们家会有频繁的巨大变化吧？

芦原 是的。

ID 你对自己的家有什么特别的要求吗？

芦原：首先，设计上要漂亮，要特别的干净。我在外面工作，如果回去家里乱七八糟，会不开心，所以家必须要便于收拾。

ID 这是指必须要有干练的保姆吗？

芦原 不是，而是在设计上必须要有收纳功能，这个设计要便于收拾。我自己家里也有帮我整理东西的保姆，但保姆本身不知道怎么收拾。这个东西本来应该归纳于哪里，这个要清楚。还有就是前面讲的五感的感觉，自己的感触。

ID 在建筑界中，日本的小住宅设计非常有名。而您同时做小住宅，也做公寓样板房。在您看来，这些小住宅与公寓在设计上有哪些共同点与区别呢？

芦原 一样的，都是人住的地方。小住宅会有一些庭院，门禁各方面的安全措施可能稍微有些不一样。跟公寓安保系统可能有一些不一样。但从人的角度讲，怎么给人带来幸福感的理念是一样的。

ID 平面排布以及其他设计细节上会有区别吗？

芦原 没什么太大区别。五间房累加起来后，就是Townhouse。就是有楼梯、没楼梯的区别。设计师都是从生活角度以及真正使用者这个角度来思考的。

ID 我看到您身上其实没有太多的装饰，但您手上戴了五个镯子。您的这些镯子在平时工作中、画图的时候会一直戴着吗？或者说有什么含义吗？

芦原 工作的时候，如果这些东西会影响到我，我自己无意识地就把它放在那里了，会摘掉。我这个戒指就非常薄，工作的时候不会影响我，厚的我就会摘掉。

ID 就是纯装饰，没有什么特别的含义在里面是吗？

芦原 在日本的设计中，色彩是一个非常闪亮的地方。我今天的着装色彩非常淡。我这个镯子材料是亚克力的，如果单独戴一个，马上就知道是一个假的东西。通过色彩、协调，可以显出质感。当然，个人装饰也好，对建筑的装饰也是一样的，比如在一个墙面上挂一幅画，挂一个真正的手绘品，会很有质感。而单挂一帧照片，在那里就一点意义都没有，但通过一种组合方式，效果就出来了。

城中之村：
记2010年秋季中国美术学院建筑系三年级课程设计

撰　　文	王飞
资料提供	王飞

中国美术学院的建筑系3年级课程是桥接1、2年级的基础训练与4年级回归建造的过渡年，这一年以开放性、研究性设计课程为主，主要从城市和社会学的角度对建筑学本身进行思考和批判。这学期15周长的设计课题目为"城市社会学批判"与"乡村社会学批判"，我将两者结合在一起，题为"城中之村"。

中国城市30年来飞速地发展，中国的城市化在这30年间从18%达到了近50%，也就是说，中国的城市和乡村的人口达到了一个转折点，同时，世界的城市人口也到达了近总人口50%的比例，我们是达到了与世界的对等点？还是面临更为严重的挑战？中国在20年后将达到75%的城市化比率，飞速的城市化带来了很多机遇，也带来了更多严峻的社会问题。在这样的一个临界点，我们将视角放在城市和乡村的共有边界，对其在转变的临界点进行深入的研究，以对不可逆转的城市化进程有更为主动和积极的思考、建议和实验。

我选取杭州的凤凰新村为研究对象（图01）。凤凰新村位于杭州城市上城区的中心，位于西湖的东南侧，环绕馒头山，东临中河高架。凤凰村是市中心仅存的村落，始建于宋代，还保留着一些宋代聚落。整个村的现状有着各种历史不同阶段的重叠。凤凰村坐落于馒头山脚下，依山而建，村落和建筑的形态与自然有着非常有机的关系。村落在市中心，但是在群山之中，又被中河高架所隔断，并没有被大规模的城市化所吞噬，但是在城市之中，却保持着动态的生机。所以，我们以凤凰村这样一个仅存的特例来探讨城市和乡村的社会学批判。它不是一个典型的由于城市快速高密度发展而形成的"城中村"，而是城市发展由于自然和城市规划所形成的各种显性界限而被隔绝出的"城中之村"。

1. 研究设计（7周）

城乡调研，感知地图（1周）

第一周，学生们进入场地，不通过任何先验的地图与调查去感受场地。通过现场的感知、拍照、与不同年龄职业的居民对话等绘制"感知地图"。建筑师们都习惯通过地图首先感知尺度、比例、场所、区域等等，对于三年级的学生，自上而下的能力还不足够敏感，如果首先自下而上从自身的感受认知出发，再回到大的尺度与精确尺寸，会更有驾驭的能力和直观的感受。学生们的感知地图从不同的角度进行解读，彼此共享，也让大家彼此学习和交流。通过调研，大家发现这个社区拥有着各种不同时期的城市肌理：南宋的皇城形制、与山体结合自发型的院落住宅、80年代的老公房、90年代的自主加建等等。社区还依然在使用原有的三口古井，很多参天大树从加建的房屋中生长而出，自然山体的石块作为房屋的墙角石，与自然有很多零距离的接触。社区的居民平均年龄偏大，拥有本地户籍的多为老年人，外地民工与本地住户的分区较为明显。社区的生活配套设施比较滞后，大部分居民还在使用集中的公共厕所，使用井水，大部分1980年代之前的房屋年久失修等。社区的交通也比较复杂，一条主要的城市公交从社区中心穿过，并与宋代遗址的旅游干道相接，步行系统较为随机，与车行交织在一起。这个训练也使我根据每个同学的成果找到他们感兴趣的点，以便在下一阶段进行分组（图02-04）。

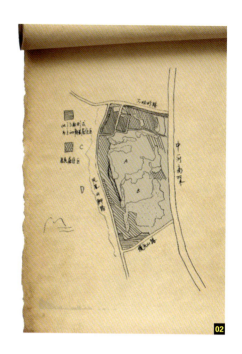

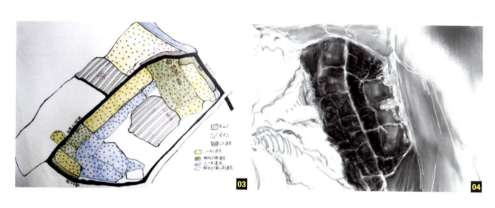

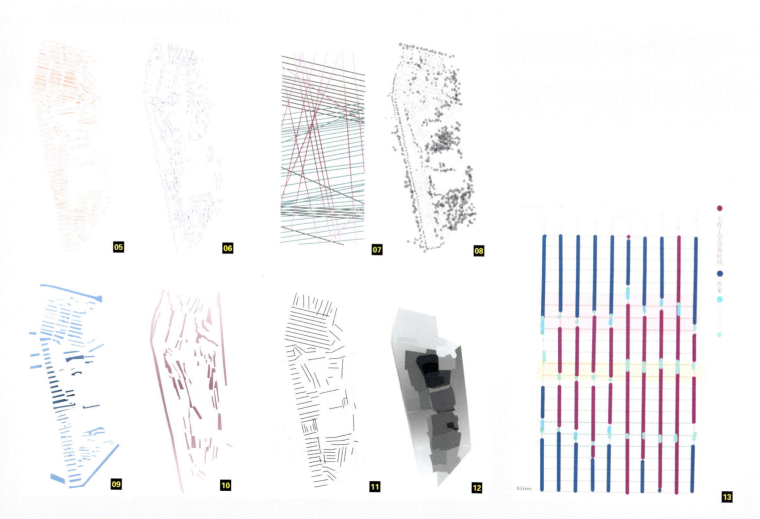

分组调研（4周）

这一部分我根据同学们的兴趣点进行分组。5个组分别关注：边界、路径、质感、节点、地标。

边界组关注边界的分类，包括物质的边界、心理的边界、村的边界、山的边界、新老的边界、自然和人工的边界、公共与私密等等，以及水平和竖向的关系。

路径组研究路径的分类、尺度、功能等，包括：车行、步行、水路、山道、建筑间的、自然和建筑间的、石板的、泥土的、砖的、排水的路径等等，以及路径之间的关系如何和路径的时间性。

质感组列举了所有材质的种类，做成图表，并洞察材质之间是何种关系，各种材质在这个区的比例，公共空间与私密空间的材质差别，以及聚集人最多的材质等等。

节点组分析了材料节点与形式节点，并图解它们的种类与各个社区节点之间的关系与差异。

地标组定义有哪些可以称做地标，包括小店、厕所、井、树，以及它们和周围环境的关系，人和地标的关系，地标在各个时间段的使用等。

学生们进行调研，然后绘制脉拼（Mapping）以及三维模型图解，对场地进行多角度的分析，以发现社区的各种隐性的结构、肌理、关系等，以对后期的规划与设计进行指导与控制（图05-16）。

城市策略（2周）

通过前两个阶段对基地的研究与分析，学生们进行讨论，每个组对整个社区进行城市性的策略以及建设性的改造提案，也是前一阶段的延伸。前三个阶段，大家分享研究的过程和成果，对未来建筑设计进行宏观的定位（图17-21）。

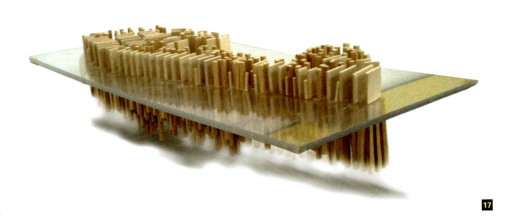
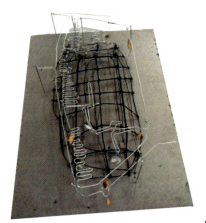

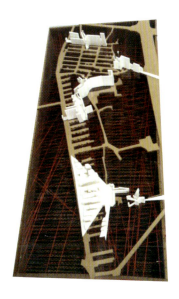

2. 设计研究（8周）

案例分析及功能提案（2周）

第二大阶段的起始，我与学生们一起研究了若干著名的建筑与社区改造案例，以拓宽他们的思路，包括：张雷设计的社区中心，刘国沧设计的安平树屋、蓝晒图、鹿港红凳屋、李晓东设计的桥上小学、都市实践的城中村研究、美国的 Rural Studio 及南非的 CS Studio 等等。

学生们通过各阶段的研究，提出自己的选址和功能提案。我给学生上了关于功能历史理论的讲座"功能：从 function 到 programme"。通过对基地更深入的分析，学生需要针对这块基地提出功能提案，要有社会性批判的思考，然后进行深入设计。建筑面积控制在 2000～3000m² 之间。前期的概念阶段学生需要借助大量的手工模型和拼贴图来进行推敲，最主要关注的包括功能合理性和社区交融性，改造社区和自然环境的关系，新老建筑之间的关系，最重要的是从建筑的角度对人的关注。

深化设计（6周）

学生们的选址与功能几乎没有重复，初衷都是将社区进行好的改造，改善居民的生活。功能提案包括：对主街的立面改造、社区中心设计、歌剧院设计、青年旅馆与画廊、幼儿园、山顶联排住宅设计等等。最后的成果包括社区、建筑和细部三种不同尺度的手工模型、分析及技术图纸，以及一段4分钟的视频进行最终的评图答辩（图 22-44）。

教育

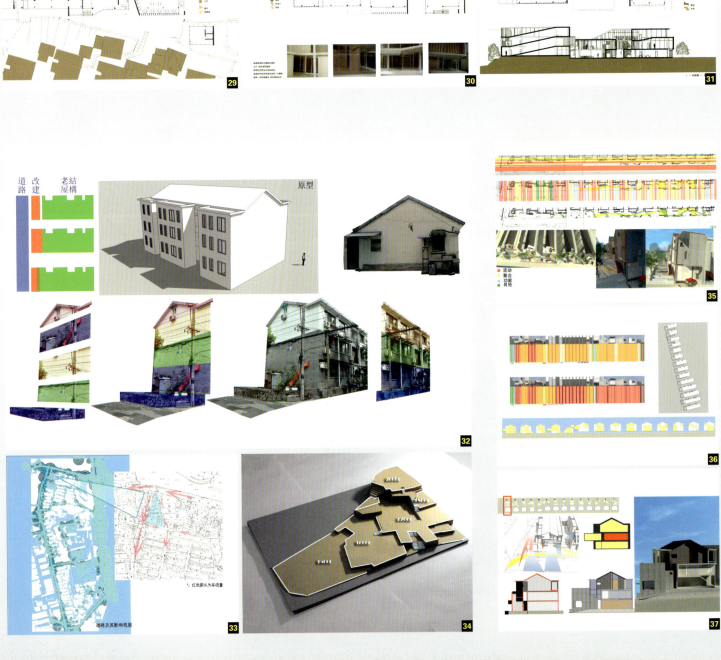

后记

这个学期我所关注的是学生如何从自身作为他者的视角以及城市与乡村的尺度到社区与建筑的尺度,最终的建筑设计本身并非从建筑到建筑,而是从人到城市再到人。城市与乡村之间的模糊性使得这个课题更有挑战,也为下学期杭州社会性住宅和老龄化住宅的研究与设计打下基础(图45)。

(感谢中国美术学院王澍老师的支持,感谢评图嘉宾陈浩如老师、金安和老师、王衍老师、丁俊峰老师、彭武老师,以及中国美术学院3年级20位关注民生的同学。)

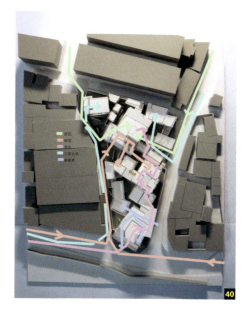

低技的思考: Sra Pou 职业培训中心
SRA POU VOCATIONAL SCHOOL

撰 文	银时
资料提供	Rudanko + Kankkunen建筑事务所

项目名称	Sra Pou职业培训中心
地 点	Sra Pou, Oudong, Cambodia
设 计	Rudanko + Kankkunen建筑事务所
主要材质	自制晒泥砖
面 积	200m²
竣工时间	2011年4月
结构顾问	Advancing Engineering Consultants
项目管理	Rudanko + Kankkunen建筑事务所

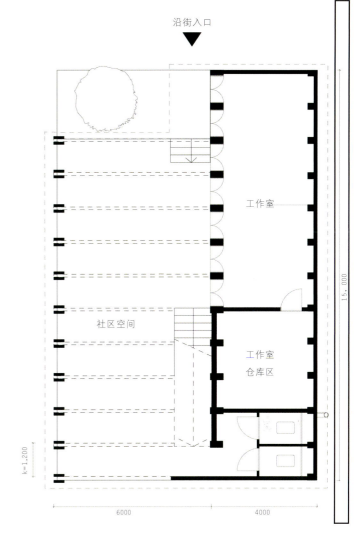

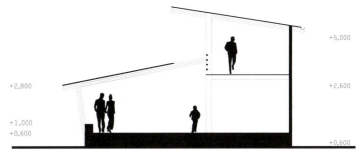

1 色彩艳丽的门为简单的建筑体增加了丰富的色调
2 区位图
3 模型
4 平面图
5 剖面图

　　Sra Pou 职业培训中心位于柬埔寨一个叫作 Sra Pou 的小村镇里。它既是一所职业培训中心，同时也是社区集会以及小型的商业集散之所。这座多彩的小房子由来自芬兰的 Rudanko + Kankkunen 事务所设计，最初仅仅是作为一个假想的学生项目，由阿尔托大学的两名学生 Hilla Rudanko 及 Anssi Kankkunen 进行设计，他们来到柬埔寨，跟随当地的 NGO 组织一起考察，寻找设计任务。随着考察的深入，Rudanko 和 Kankkunen 越来越感受到，当地迫切需要建立这样一个场所。他们在 Sra Pou 当地社区和一些公司机构赞助方如 Micro Aided Design, ISS Finland, Wienerberger, Ecophon/Saint-Gobain, Uulatuote, Puuinfo 以及私人捐献者的帮助下，组织进行项目的实体建造，并在此过程中创建了自己的建筑事务所。

　　Sra Pou 是柬埔寨众多贫穷的村镇之一，村民们在城市化的大潮中从城市中被驱逐到了周边的乡村，这里基础设施匮乏，村民们既没有体面的建筑环境，也没有固定的收入。这个项目的目的即是帮助和鼓励当地的贫穷家庭，教他们掌握谋生手段。职业培训中心将提供职业技能培训，帮助当地居民自力更生。建筑同时还是一个社区公众聚集和集体表决的场所。当地的 NGO 组织负责学校的教育工作。该项目背后的理念，即是使用当地原料和传统建筑技艺及社区劳动力，创造一个公共建筑，使其能够成为这一地区发生改变的催化剂。

　　建筑完全使用当地工人制作的当地材料建造而成。从取材于晒干泥土的红砖，到手工建筑的技艺，到色彩鲜艳、作为局部遮阳之用的彩色面板，建筑中的所有元素都是手工制作的。没有机械设备，也没有成品零部件，这样就可以雇佣很多本社区的人，工人们在施工现场接受培训，所有的建筑技巧都很简单易学，人们可以从中学到怎样最好地利用容易获得的材料，今后他们在自己的住宅建造中，也能使用同样的建筑技巧。

　　在这种低技主张和富于人情味的思路下，一个极其简单质朴同时也是极其绚丽丰富的建筑作品被创造出来。暖红色的土坯墙和周围的红土地相互辉映。土墙留有些许小孔，这样就可以避免热带暴烈的阳光直射，还给室内带来有趣的光影；风也可以通过小孔吹进来，使建筑内部变得凉爽。在很远的地方就能看到手工制作的彩色门，欢迎着人们的到来。而晚间华灯初上，从外面看，整座房子犹如一个色调多变的发光体。

　　建筑完工后，无论是成年人还是孩子们，都非常乐意流连于此。作为一个开放的社区空间，建筑完全营造出了亲和愉快的氛围，为社区里的人们提供了一个舒适的学习和集会场所。

1	6
2	7
3	
4	
5	

1-5 建造过程
6-7 暖红色的砖墙与周围的红土地相呼应，建筑形体简朴又不乏设计趣味

实录

1　透阳棚近景
2-3　彩色的竹编门和墙上的开孔起到调节光照的效果，也隔绝了烈日和酷热
4-5　空间中人们丰富的活动

无视重力
——MVRDV的平衡谷仓设计

撰　　文	韩力
摄　　影	Edmund Sumner
资料提供	MVRDV

建筑设计	MVRDV
合作设计	Mole architects
结构设计	Jane Wernick associates
室内设计	Studio Makkink & Bey
景观设计	The Landscape Partnership

也许，在MVRDV眼中，重力的存在就是为了让他们加以挑战。该事务所最新建成的平衡谷仓（Balancing Barn）项目位于英国东部萨福克郡一个美丽的小村庄里，四面绿树成荫，附近还有一汪可以钓鱼的小湖，而建筑也通过其独特的形式语言与周围环境进行着对话。

平衡谷仓是英国"生命建筑（Living Architecture）"项目的一部分，该项目旨在通过邀请全球知名的多位建筑师对假日租赁型别墅进行设计，从而让租用者体验最精彩的当代建筑。该项目还邀请了众多名家参与设计，包括彼得·卒姆托（Peter Zumthor），霍普金斯（Hopkins）事务所，诺德（NORD）事务所等。

建筑所在的独特地形和独特的建筑体验成为了MVRDV的创作基点。建筑坐落于一处接近40°的陡坡之上，与通常贴合地形坡度进行创作的思路相悖，MVRDV选择用更直接的态度处理建筑与陡坡的关系。为了与周围原有的英式乡野建筑环境相呼应，MVRDV选择了一种归于原初的人字形坡屋顶建筑形态——这也是为何建筑被称为"谷仓"的原因。此举可以进行体型控制，建筑体量沿线性展开，也可以使得每一个房间都有尽可能大的窗户来享受周边的美妙景色。建筑长约30m，一半体量布置在高约20m的草坡坡顶，但从一半开始，整个建筑开始悬挑于斜坡之上，15m的巨大悬挑，让每一个观者都强烈怀疑建筑的重力规则和"平衡"的实现。为了强化这样的一种悬挑，MVRDV不仅将建筑投影于斜坡上的区域进行石子铺装，还童真的在建筑下部悬挂了一个秋千，仿佛整个建筑并不是悬挑而出，而是拔地而起，飞向空中，而秋千反而是拉着它并维系它与地面关系的唯一途径。而MVRDV对这样一种出位的设计有着更为独特的解读。线性的建筑体量和倾斜的基地会使得每一个进入空间的游客体验一种景观的转换：首先在进入建筑时是从地面的高度，随着对建筑的深入逐渐提高到树顶的高度，游客自身对外部自然环境感知的转化通过建筑而得以实现。

建筑室内由三个层次的功能组成，入口部分与厨房和大餐厅相结合，沿着建筑长向布置四个标准的双人卧房，每个房间都配置了独立的盥洗空间。在整个建筑的中部，卧房的序列被一个隐藏的可以通往下部庭院的楼梯间打断。而在建筑的最远段，也是悬挑最大的位置，布置了起居空间。所有的房间都通过全高侧窗，天窗，甚至是地窗与周围环境相融合，而给予游客一种独特的与周围自然相联系的感受。

平衡谷仓通过它独特的建筑和力学创造与基地特性和自然特性相呼应，而传统的谷仓形式和抛光金属表皮所反映出的周围环境也表达了MVRDV对自然和建筑关系的基本态度。

实录

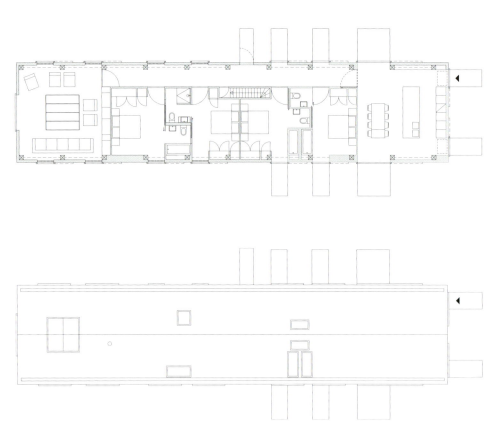

1 布局平面
2 屋顶平面
3-4 外立面

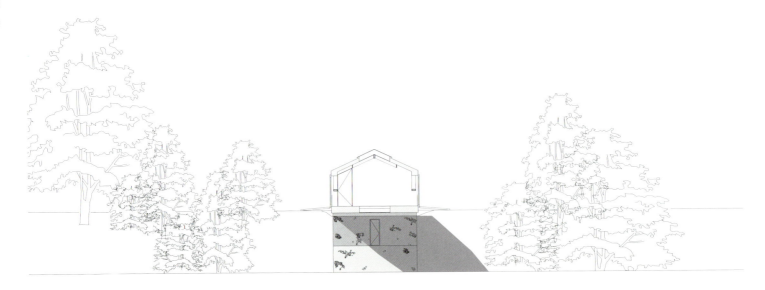

实录

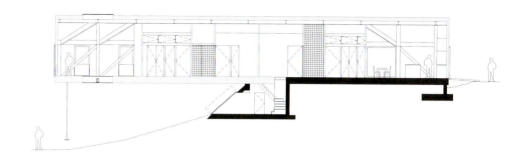

1-2 剖面图
3-5 室内

苏州生物纳米科技园管理中心
ADMINISTRATION CENTER OF BIOLOGICAL OFFICE PARK SUZHOU

摄　　影	姚力
资料提供	维思平建筑设计
设计公司	维思平建筑设计
主设计师	吴钢、陈凌、张瑛
设 计 师	刘韬、胡大伟、欧阳伟等
项目功能	办公
设计内容	规划、建筑和景观
建筑面积	45205 m²
设计时间	2006年
竣工时间	2009年

苏州生物纳米科技园位于苏州市工业园区内，设计目标是创造可持续发展的生态智能化科技园区。设计师将当地传统的建筑和园林的关系继承了下来，并进行了革新性地再现，该项目亦对于中国古典建筑如何与现代功能、现代建筑语言相结合的问题具有启发性的意义。对于使用者、参观者和周边邻居来说，它既是现代建筑，同时又具有为他们所熟悉和认知的中国传统空间的意味。

生物园的管理中心位于苏州生物纳米科技园中央园的最西端，由两栋平行布置的办公建筑组成。与中国现有的大量办公建筑截然不同，该项目是一个具有生态化与可持续发展倾向的代表性办公建筑，它的办公环境不再局限于简单封闭的办公空间，而是与周边环境融为一体。管理中心最基本的设计意图是创建开放式的、生态化的、具有可持续发展能力的节能办公空间。两座平行的办公建筑之间自然形成了一个园林广场，从而将中央公园引入管理中心，使得管理中心成为中央公园的有机组成部分，并在视觉上成为该区域的焦点。在建筑上以及建筑之间的园林上覆盖着技术简单、成本低廉、效能良好的遮阳篷，解决了园林广场和建筑立面的遮阳问题。建筑的一层架空，人们可以从建筑前广场自由进入这一有着遮阳篷的区域。源于"细胞"概念的圆形设计元素从中央公园一直延伸到管理中心的外立面和中庭建筑。整个管理中心犹如一个可呼吸的绿肺。

管理中心的内广场上空被建筑的多孔板景观盒所围合，支撑这个景观盒的是广场内若干两两交叉的柱结构，这些柱子在景观上寓意为交错的竹丛。为此，在广场中，还种植了软的竹丛，以便与这些硬柱结构相互呼应并弱化它们，这也使得中心广场的景观与建筑更加融合在一起。

"花架"是该项目的亮点之一，设计师在建筑上以及建筑之间的园林上覆盖着技术简单、成本低廉、效能良好的铝镁合金穿孔遮阳篷，并将"花架"这一庭院景观元素进行了巨型化的演绎。这样，除了可有效过滤多余阳光和强风，使内部空气保持舒适状态外，还可以为爬藤植物提供生长的框架。遮阳篷下巨大的景观内庭具有足够的层高和良好的气流循环，使植物可自由生长，并结合各楼层的空中花园形成绿色的办公环境。建筑的底部架空，人们可以从建筑前广场自由进入这一有着遮阳篷的区域。

除了使用穿孔板外立面进行第一层的保温隔热外，建筑还采用了挤塑聚苯外保温墙面、断桥铝合金门窗和中空玻璃等方式增强节能效果。

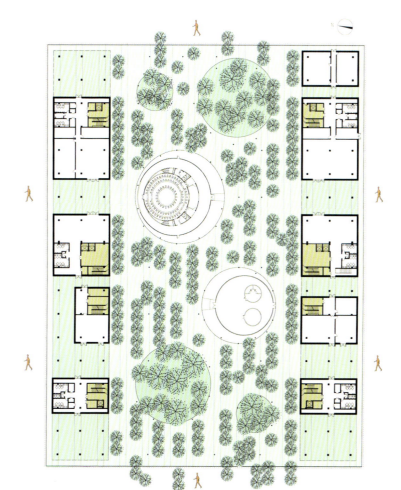

1-2 管理中心是由两栋平行布置的办公建筑组成，其办公环境已不再局限于简单的办公空间，而是与周围环境融为一体
3 首层平面

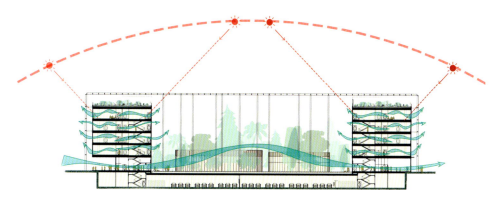

1	2	6
3		7 8
4	5	9

1-3 源于"细胞"概念的圆形设计元素从中央公园一直延伸到管理中心的外立面和中庭建筑
4-5 建筑的一层架空
6 剖面图
7-9 内广场上空被建筑的多孔板景观盒所围合,支撑这个景观盒的是广场内若干个两两交叉的柱结构

1　内广场中的柱子被寓意为交错的竹林
2-6　"花架"是该项目的亮点之一，铝镁合金的穿孔遮阳篷将"花架"这一庭院景观元素进行了巨型化的演绎

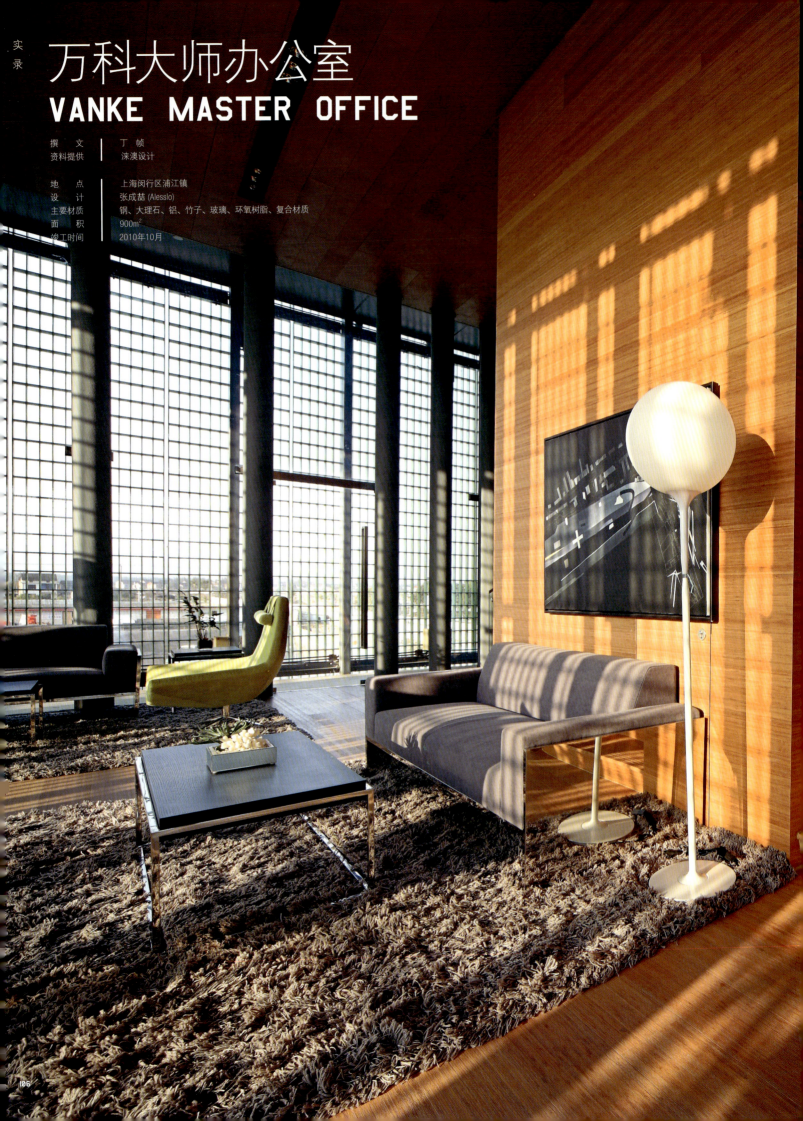

万科大师办公室
VANKE MASTER OFFICE

撰　　文	丁帧
资料提供	涞澳设计
地　　点	上海闵行区浦江镇
设　　计	张成喆 (Alesslo)
主要材质	钢、大理石、铝、竹子、玻璃、环氧树脂、复合材质
面　　积	900m²
竣工时间	2010年10月

实录

当你厌倦了千篇一律的格子间，当压抑的办公环境让自己和身边的人被亚健康侵扰，还有什么比身处一个"公园办公"空间更令人愉悦？万科将VMO置身于50000m²的V-park意式生态公园中，与规划中60000m²的浦江世博森林相邻，拥享沪上稀缺生态资源。"让办公室长在公园里"的梦想即刻成为现实。

纵观整体建筑，设计得时尚新锐，全框架结构，配以玻璃砖外框，既不影响室内的采光、通风和借景，还可以起到一定的视线阻隔、遮阳作用，兼容开放性和私密性。设计师同时还设计了入户花园、天井式内部庭院、挑空景观露台、屋顶花园等，使每层都有休憩活动空间，提升建筑内部生态和空间感。

设计师的设计理念以简约的设计语言来表现空间的整体感，同时注重细部的设计和使用功能的合理性。这样即能将空间的整体感原汁原味地表现出来，也同时注重使用功能的布置，尽可能满足人在空间使用的舒适性和灵活性。有时候，大空间并不那么容易去驾驭，更非一味地进行"填满"的设计，有时无论如何鲜明的风格的形成还在于"取"、"舍"，也是一种设计的境界。

设计师喜欢探索多种材质的可能性，和多元文化在设计中的融合。在本案中，除了金属、石材等传统的建筑材料之外，设计师亦尝试使用整片的木质结构来强调空间设计的特征，有一部分的楼梯就是做了这样的处理，在大理石的楼梯上同时混搭了木制的几级阶梯，看起来又像是一种艺术装置，这是种非常新奇的做法，可以让空间更温暖更亲切一些。而在符合环保原则的同时，设计师也很喜欢使用竹片，竹子的纹理和它特殊的肌理感，看上去其实是很现代的。材质的使用在整体中蕴含变化，不同的材质表现出不同的肌理和质感。家具的选择上混合了不同时代的设计单品，和空间有着高度的默契，同时富于变化和趣味。室内选择了近7种不同款式的坐具，分别摆放在不同的区域中，希望能让身临其中的人们感受到坐也是一种享受，在不同的坐具上能有不同的状态。

作为一个工作空间，需要根据它的特点来进行设计，比如需要一个大型的，公共的中介空间来连接几个功能区域。设计师选择了挑空区大尺度的楼梯的区域作为空间中重要的组成部分，除了作为连接一、二层的通道外，也可以做为休息、活动、艺术展览的功能，同时配置了鲜亮色彩，独特造型的椅子、灯具和一些植物等装饰。让这个空间富于动态的变化，有别于传统办公较为封闭和呆板形态。

本案中使用了建筑师的一些草图进行放大处理作为装饰挂画，突出了"建筑师的工作室"这一主题。另外，三层的建筑师办公室，有靠墙而立的巨大木质书架与木地板连成一片，呈现自然舒适的状态；还有舒服的沙发和长长的工作台，以及阳光透过建筑的格栅照射在地面上的投影。这些细节的处理不仅是设计师最喜欢的部分，也成为最具有"建筑设计师"特色的部分。

另外，一楼的售楼中心本身起到房屋未来使用功能的示范作用，而该项目为独幢办公空间，在设计之初，设计师就已经按未来的使用功能进行了充分考虑，所以在售楼结束后会基本保持现有的状态。

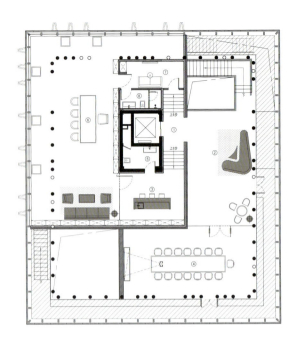
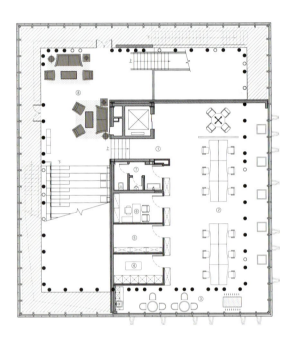
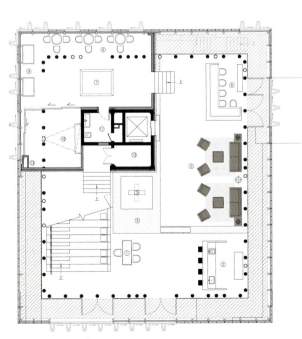

1		8	9
2	5		
3	6		10
4	7		

1-4 设计师选择了巨大尺度的楼梯作为空间的组成部分
5 三层平面
6 二层平面
7 一层平面
8-10 家具的选择上混合了不同风格的单品

实录

1	4
2	5
3	

1-4 建筑师办公室有着靠墙而立的巨大木质书架,与地板连成一片,呈现自然舒适的状态
5 会议室

实录

拉斯韦加斯文华东方酒店
MANDARIN ORIENTAL HOTEL LAS VEGAS

撰文	VX
摄影	LC
资料提供	文华东方酒店

地点	3752 Las Vegas Blvd. South, Las Vegas, NV 89158
建筑设计	KPF
室内设计	Adam D.Tihany

拉斯韦加斯是个被豪华赌场、高级夜总会、巨型霓虹灯淹没的城市,这个城市里近乎疯狂的波普式建筑拼贴吞噬了单个建筑的存在意义。自由女神像、埃菲尔铁塔、凯旋门、比萨斜塔等世界各地的标志性建筑复制品几乎都汇聚于此。

在这里,混凝土在酒店与赌场之间肆意发挥想象力,却没有真正的城市空间。而"城市中心"却是个打破拉斯韦加斯传统的事物。这座竖向的垂直城市坐落于俗称拉斯韦加斯大道的精华地段,在贝拉齐奥和蒙特卡洛度假村中心之间,由美国博彩集团米高梅欢迎公司和迪拜世界共建,是美国历史上非政府投资的最大规模建筑,这个巨型的城市综合体包括三家酒店、两个赌场、商业及娱乐、一个公众艺术项目以及私人住宅。

这个超大建筑的项目组由超强的全明星建筑师队伍构成,其不仅在建筑形态上标新立异,同时也是一座绿色城,将生态以及可持续发展的理念融入设计,包括建筑垃圾的回收实践、使用环境友好的材料、自然照明设备以及与一个本地的热能发电厂合作等等,一切都从节能、环保、人性化出发,得到美国LEED认证,这里居然还有自己的发电机构,大有"城不惊人死不休"的气概。

文华东方亦是个具有悠久历史传统的酒店,世界上的每一间文华东方都很特别:无论是一直作为香港酒店业丰碑的港岛文华东方,还是独占纽约中央公园一隅能俯瞰绝佳景色的纽约文华东方都让人难忘。拉斯韦加斯文华东方酒店则位于这个庞大综合体的入口处,可俯瞰整个拉斯韦加斯的精华。同时,该酒店亦是整个城市中心中最为高端且不设赌场的酒店。

酒店外观是由KPF负责设计,而室内部分则是由知名设计师Adam D. Tihany构思操刀,整座散发出文华东方酒店特有的低调而且雅致的皇者气派,亦为精采多姿的拉斯韦加斯营造了一片时尚高雅的沙漠绿洲,让宾客轻松体会纯粹度假的心情。

文华东方酒店集团的标志是一把古色古香的扇子,这把来源于东方的扇子代表着集团骨子里流动着亚洲传统的血液,而东方元素则是每家文华东方酒店所特有的风情,拉斯韦加斯也不例外。这家拉斯韦加斯的文华东方酒店亦是将东方元素登堂入室地搬到了酒店的各个角落,传统的中国图案以及色彩与金属质感的外立面相互连接在一起,形成一种撞击的美感。整座酒店共有400间客房以及225套共管公寓,每一间客房都是时尚新潮设计的典范,并且融入了古老的东方风情。

在酒店内,宾客可找到一系列格调不凡的餐饮及鸡尾酒吧,包括皇牌餐厅Twist,由屡获殊荣的星级名厨Pierre Gagnaire泡制现代化的简约法式菜肴。餐厅坐落于酒店23楼的空中大堂,宾客可透过偌大的落地玻璃观赏壮阔景色。而毗邻空中大堂的The Mandarin Bar则散发无比活力,是品尝鸡尾酒的好去处。至于全日不停供应新鲜菜肴的Mozen Bistro,为旅客提供地道的亚洲口味及多国美食;Tea Lounge则为宾客提供一个美轮美奂的落脚点,能在亲切宁静的环境内茗茶,抖擞精神。而位于拉斯韦加斯大道的Amore Patisserie,更提供各式各样的精品美食、包点、咖啡或茶及自制意大利雪糕等,为准备出发启程的宾客带来轻巧小食选择。

与城市中心的其他建筑一样,文华东方酒店也有很多可持续性的设计元素,如高性能玻璃、日光控制和节水策略等。建造中采用高度隔热的拱肩板,增加了不透明的区域,降低了阳光热量的吸收。酒店采用了高性能的大厦外墙以及浅色屋顶,有效阻挡了沙漠的强力日光反射,避免高温进入酒店内部,大大节约了室内空间的能源。KPF事务所总裁Gene Kohn亦表示:"外立面上相互交织的图案形成各种层次的透明性,这样也可以将日光引入到更广阔的公共空间里。"

| 1 | 2 | |
| | 3 | 4 |

1 外立面
2 一楼入口处
3-4 空中大堂

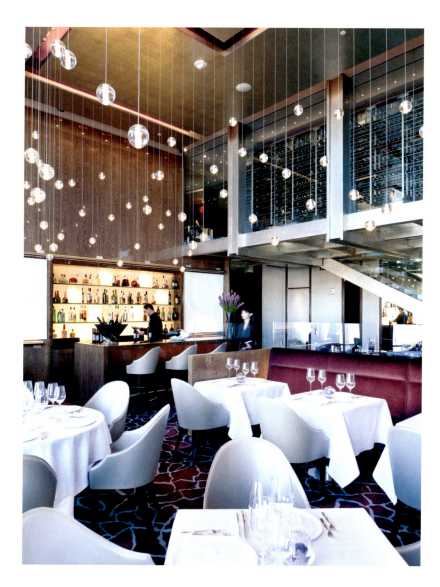

1-3 大堂旁的空中酒吧
4 宴会厅
5-7 皇牌餐厅 Twist

1		5	
2	3		
4		6	7	8

1　户外泳池
2-3　室内 SPA 空间
4-8　客房

希腊 Alemagou 餐厅
ALEMAGOU RESTAURANT

撰　文	银　时
摄　影	Yiorgos Kordakis
项目名称	Alemagou餐厅
地　点	希腊Mykonos岛Ftelia 海滩
设　计	k-studio
竣工时间	2011年

1 碧海白屋是 Cycladic 风格的典型特征
2 平面图
3 户外区域一角
4-5 白天，日光在自流平地面上投下变幻的光影

　　Alemagou 是一个位于希腊 Mykonos 岛上 Ftelia 海滩的餐厅兼酒吧，由来自希腊的建筑工作室 K-studio 设计。餐厅的设计试图传达一个极具整体性的概念，项目的每一个元素都在讲述一个共同的故事，这些元素的聚合营造出一种富有设计感、同时亦颇为闲适的气氛，与场地的气质形成了完美的和谐。正如同菜品的设计力图重温传统美食，以倍受喜爱的淳朴而有趣的希腊烹饪手法制作新式菜肴，特选的鸡尾酒和音乐更为经久不衰的搭配加入了新鲜的佐料；Alemagou 餐厅的建筑设计也是如此，赋予久经考验的传统建筑技术以令人振奋的重新诠释。

　　希腊号称拥有世界上最美的岛屿群，而位于雅典东南 9.5km 处的 Mykonos 岛，是 Cyclades 群岛最吸引人的地方之一，狭窄的街道两侧绵延着白色的建筑，仿佛没有尽头一般，以其独特的梦幻气质在爱琴海的岛屿中首屈一指。Mykonos 岛上方方正正、白墙蓝窗的房屋是 Cycladic 建筑风格的代表，Alemagou 餐厅的设计灵感正是来源于这种风格。圆润的经过粉刷的房子与石头墙融入到周边碧海蓝天的景观之中，从实用的自流平地面到天然芦苇隔热顶棚，人们熟知的传统纹理经由现代工艺和有机的组织形式创造出独特的个性空间。

　　为建筑增添浓郁趣味的还有 Mykonos 岛独特的自然条件：强风使该海岸成为冲浪者的天堂，阳光暴烈，正午气温高达 40°C，干燥粗砺的岩石融入起伏的海岸线。K-studio 设计的巧妙之处在于并不避开恶劣的自然条件，而是将其特质巧妙利用和改变，转化为优势，巧妙地将强风、烈日和山岩转化为餐厅和谐氛围的一部分。

　　设计师用芦苇搭建了一个 60cm 厚、可随风摆动的顶棚，这使得空气流通且室内保持凉爽。白天，日光透过芦苇枝叶的缝隙，过滤制造出斑驳的光影，自然采光与遮阳兼得。夜晚，顶棚上伸展、悬垂下灯盏，被晚风吹拂摇动的灯火创造出温馨亲切的夜间用餐环境。

　　顶棚下的长长的露台沿着自流平地面逐渐经过阶梯过渡到沙滩，形成酒吧和多功能休闲区域。Alemagou 有特定的用餐区，而饮酒和社交则在一个界限较为模糊的户外区域，光线和空气在这个开放空间内更加自然地流通，越过海滩可以欣赏到海景和日落。

　　如上所有这些特别的设计融合了自然元素，创造出一个多感官的、完美融入环境的建筑，一个自然安逸的世外桃源和社交场所。

实 录

121

1-2 芦苇顶棚与造型别致的灯具
3 局部
4-6 夜景

北京精品轩餐饮

撰　　文	叶铮
资料提供	上海泓叶室内设计咨询有限公司

项目名称	北京精品轩
地　　点	北京市西二环
设计单位	上海泓叶室内设计咨询有限公司
设计日期	2009年08月
竣工日期	2011年01月
项目面积	约 2500m²

1　入口门厅
2、4　大厅
3　各层平面

　　精品轩，位于北京城西二环的绕城河旁，幽静的大院内，布满了酒店客房。精品轩作为高档餐饮的新连锁品牌，首度在此揭开了她神秘的面纱。该处原址为北京某歌舞团的办公总部，共分六个层面。设计首先由建筑改建入手，一至四层为精品轩高档餐饮，五至六层为酒店客房。改建围绕着新的功能要求，从空间布局、建筑外立面、机电设备、结构改建等诸方面同时展开，然后，开始进入到室内设计正题。

　　精品轩的一层，主要设计功能为入口门厅和厨房后场等部分。由于共享酒店的大院，设计有意将入口门厅安置在大院的角落边，旨在形成相对安静独立的人流动线，并通过双重高大明亮的无框玻璃大门吸引顾客视线。入门迎面而来的第一印象，就是一片巨大流畅又富有动感的空间形，由顶至地贯通整个造型，且与方直高挑的盒状建筑空间构成反差，突显其线条的优雅。同时，采取温馨的木质造型，与玻璃、金属材料的冷峻坚硬形成对比，恰好又与空间的对比层次相吻合。门厅一侧的白色大理石楼梯，结合透光的玻璃栏板盒，则将人流的视线引向了二层餐厅大堂。

　　二层的餐厅大堂，是一层门厅设计的延伸与发展，是整个精品轩设计的重点空间。初到二层，会被一条狭小的走道引入，而后豁然开朗。正对着走道空间轴位置，设计重复了流动弯曲的浅色木质造型卷片，该造型成为室内设计的主要特征。好似横贯空间的飘带，在空间对称轴上，将餐厅大堂左右区域分隔开来，构成了室内造型的视觉焦点。红酒玻璃柜的介入，又在右侧纵向空间上，再次进行区域分割，使空间更富有层次感和私密性。而酒柜玻璃的通透与酒水在灯光下的折射，又是餐厅设计最好的装饰。与此相对，在左侧空间中，由切块锐角的白色石材造型和背景透光玻璃墙的组合，构成了酒吧台区域的设计，这同样成为卷片形对岸的风景线。为强调两侧空间立面的挺拔力度，设计将原建筑外窗改为顶天立地的落地窗形式，如此可增强立面垂直向的整体与透明性，使界面构成更有节奏，更为室内光线的引入与空间造型取得统一。最后，在顶部的处理上，将纵横主次的结构梁作为界面构成的装饰，并配合成排平行的洗顶光束，强调空间轴的方向感，使照明的层次多样化。

　　餐饮的包间被安排在三、四层。包间的走道设计，进一步沿袭了一、二层的设计手法，引入了波浪的吊顶造型，而灯光照明则通过立面两侧的透光玻璃弧形墙获得。整个包间走道的设计具有特色。包房设计在基本统一的格调中分为中、西两类。西式包间以蓝灰色调为主，而中式包间又以暖灰为色调，由于中、西餐桌的不同形式，使得包间内的吊灯设计与陈设布置亦各具特色。

　　精品轩的设计，总体上追求时尚理性的现代主义表现手法。通过光与色的配置，营造优雅奢华的空间气息，同时以平直的空间界面为基本造型风格，与优雅流畅的卷片造型相对比。在材质表现上力求多样性的组合，以求材质构成关系与空间层次相互推动，为最终的室内氛围，提供必要的支持。

一层平面

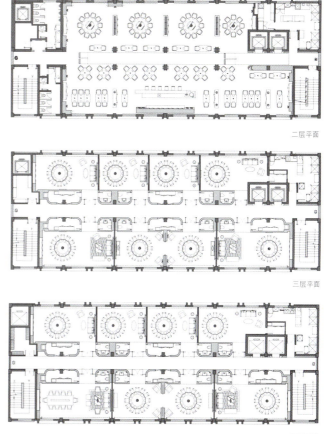

二层平面

三层平面

四层平面

1-3 大厅及细部
4-6 包间走廊及包间设计

折扇：北京怀柔雁栖经济技术开发区附楼室内设计

撰　　文	张明杰
资料提供	中国建筑设计研究院

地　　点	北京怀柔
面　　积	2000m²
设计机构	中国建筑设计研究院
设计团队	张明杰、邸士武、张然、江鹏
竣工时间	2010年11月
室内主要材料	顶面铝单板表面红色烤漆、纸面石膏板表面白色固丽漆、墙面纸面石膏板+海基布+白色固丽漆、地面米色地砖、米色亚麻卷材地面

从扇面引发的联想

折扇是中国人司空见惯的物品，它徐徐展开微微摇动就带来了微风与凉意。在一开一合中，东方的优雅尽显无疑。它小小的身躯中潜藏着深邃的文化内蕴与精神内核，古人也钟情于它，"轻罗小扇扑流萤"是诗人杜牧描写少女活泼姿态与欢乐情绪的诗句；唐人王建在《调笑令》中云："四扇、四扇、美人并未遮面"；苏东坡的诗句"雄姿英发、羽扇纶巾"就是赞美周瑜的风度。从古至今关于扇子的故事与诗句总是让人浮想联翩，我们的设计就是从这里开始。

门厅里的故事

我们设置了一个紧凑精致的门厅，作为室外进入室内的第一个空间。波折的扇面顺理成章由此展开，它徐徐地、缓缓地沿共享楼梯爬升到二层。在二层又如水银泻地般四处流溢、闪转腾挪，最终灌满了整个公共空间。折扇展开时清脆的声响犹在耳际，它从闭合到逐渐开启的过程是那样从容优雅，优雅地忘记了时间，也忘记了空间。它同样放慢了人在空间行进中的节奏，使人在心理上放大了空间体验，原本有些局促的空间变得合宜舒服。扇面作为墙面的基本形态，呈半展开的松弛状，原本平坦僵直的墙面具备了动态的活性与灵性。波折的墙面看似洁白无物，又蕴藏着无限可能。果然，顺着折面挺拔的线条向二层望去，一个红色的"印章"闯进视野。它是这面扇画的一个注解。仔细揣摩它上面奇异的图案是象形文字"山"和"水"的变体，点明了"此景由天开，造化钟神秀"。

来到二层，空间豁然开朗，3m宽的通廊纵贯空间东西向。两边的折扇墙固执地继续延展，无限拉长的墙面像一块巨大空白的画布。此情此景，心灵会按耐不住创作的激情，在臆想中描绘每个人胸中不同的山水。

餐室中的剧情

进入到公共餐室，扇面墙不见了。映入眼帘的是一面巨大的、疏而不漏的光网。光网是由上百根条形灯管组成的，为了光线柔和，在灯管下面放置了透光材料。光网中斜向交织的光线灵动不羁，斜向意味着不稳定感，这种语言在感觉层面上与折扇面墙的动态异曲同工，不同的空间以这种方式产生联系。也使折扇形态意犹未尽。光网下即是用餐区。那是一个舞台，上演着平凡丰富的众生相。不同的人在此用餐，一颦一笑、一举一动尽收眼底。

	4
1	5
	2
	3

1 建筑外观
2 折扇与印章概念原型
3 草图
4 门厅与楼梯空间

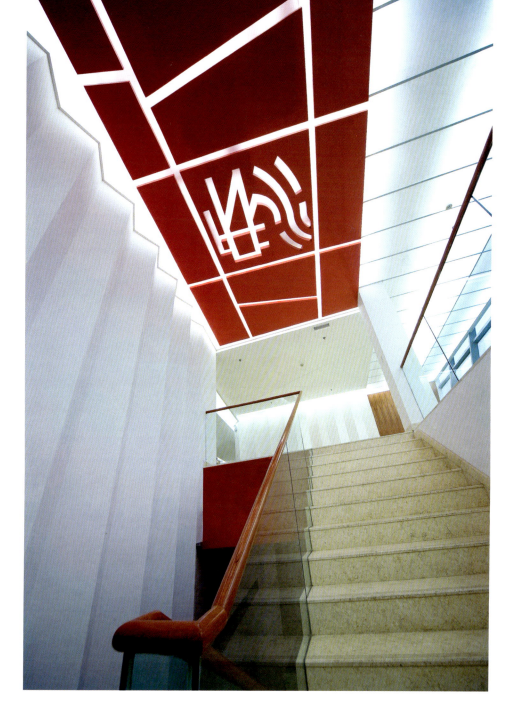

实录

一层平面

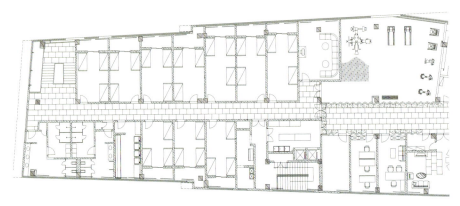

二层平面

1-2 各层平面
3 通廊空间与折扇墙
4-5 公共餐室
6-7 草图

48 小时 威尼斯探寻

撰　文 ｜ xmy
资料提供 ｜ 小V

几个世纪来，从来没有一座城市像威尼斯那样得到众多游客与作家的赞美。亨利·詹姆斯曾写道："亲爱的古老的威尼斯已经肤色暗淡，身形走样，盛名渐远，自尊不在，但是，就算她失去了一切，但鲜明的特色奇迹般无损丝毫。"终究，威尼斯的魅力何在？众多的节庆为人们提供更多了解威尼斯的绝好机会，除了每年1至2月间的狂欢节，每年8至9月间的电影节，还有逢奇数年6至10月举办的威尼斯艺术双年展，逢偶数年9至11月举办的威尼斯建筑双年展等等都是值得称道的活动，亦是这样的活动令我们每次都带有一个主题，在泛泛的惊奇之外，深入体验到威尼斯的精彩。此次精挑细选的场所亦熟悉或陌生，让久困都市的我们在48小时内，在摆脱了那些花花绿绿的摩肩接踵的身影后，在水雾蒙蒙的海天尽头，以双年展知名，在交错时光的想像天空里舒展自由的思想，想像着那些塑造出威尼斯的伟大灵魂。

点破败,但仍可以和世界上最美的林荫大道媲美。她蜿蜒3.5km穿过市区,像颠倒的字母S,深约6m,宽40至100m。"组成威尼斯的并不是一条条大街小巷,而是一支支纵横交错的大小水道以及维系它们的各式各样的桥。桥于是成为了威尼斯特有的景观之一。因为威尼斯的房屋地基都是淹没在水中,为了加固地基,沿岸水中打下不计其数的木桩,而这些高矮粗细不一、参差不齐的木桩也成为了威尼斯水城的一道亮丽的风景线。乘坐Vaporetto是个不错且经典的选择,沿河两岸就是一幅威尼斯历史风物、人文故事的画卷。

1 PM 威尼斯海关大楼(Punta della dogana)

来威尼斯海关大楼,可一次满足看建筑大师作品、历史遗迹和当代艺术三个愿望。与圣马可广场一水之隔的威尼斯海关大楼依地形而建,呈三角形,在地理位置及外观上非常独特。由日本著名建筑师安藤忠雄操刀整修工作,他为欧洲石造建筑植入了清水混凝土的魅力,并将其变成了一个著名的高科技当代艺术馆。该博物馆是由法国的弗朗索瓦·皮诺先生所有,皮诺先生是世界商业巨头,拥有的世界名牌企业包括GUCCI和yves saint Laurent等,同时,他也是世界上最大的当代艺术收藏家,有2500多个收藏作品,其中141幅作品是该博物馆的永久收藏。(Dorsoduro 2, 30123; http://www.palazzograssi.it)

Saturday

8 AM 佛罗里安咖啡馆(Cafe Florian)

8点,圣马可广场上的鸽子低低地飞过。与朋友围坐在一张异乡的小圆桌边,当热腾腾的咖啡端上来时,我重新闭上刚刚睡醒的眼,贪婪地吮吸一口四周的空气,除了咖啡香,似乎还有隔夜的莫名陈香,以及不知从何处传来的花香。只有在此时,大批游人尚未到来时,我们才能体会到这个曾被拿破仑誉为"欧洲最美的客厅"的静谧。佛罗里安咖啡馆是圣马可广场上最美丽的咖啡馆,它的名气已经响亮了290年,这里的摆设以及设计就凝固在威尼斯那个奢华的时代。阿波利奈尔写过一首塞纳河的名诗:"时光流逝了,我依然在这里。"这话似乎也适合佛罗里安:多少文人骚客消逝了,而咖啡依然在这里。经过拜伦、歌德、普鲁斯特、狄更斯等一代又一代名人的渲染后,猩红色的绒布沙发似乎还保留了一些文人的体温。这样专为游人准备的咖啡馆是在欧洲旅行时最美好的处所了,舒适、奢靡,美好而带着一丝不真实感。从白天到黑夜,佛罗里安咖啡馆音乐永不停歇——当然,那是要收费的。除了正常的点单之外,逢到音乐表演的时段,每个客人另加6欧。(Piazza S.Marco; 39-041/5205641)

10 AM 大运河(Grande Canale)

曾有人这样描述过大运河:"世界上最精美的街道,两边有别致的房屋,今天的运河虽然有

🟡 **4 PM** 购物

紧邻圣马可广场西边有着像兔子窝一样的胡同，这里有许多精品店，曲曲折折地把圣马可广场与里亚托连接起来。威尼斯的商家非常希望游客来购物，甚至在周末也是营业的。在这里，可以买到许多有趣的威尼斯特产的小礼物与纪念品，比如威尼斯的水彩画、大理石纸（carta marmorizzata）和狂欢节面具等。商店主要分布在圣马可广场与里托桥之间的狭窄街道上，尤其是在 Marzarie 和 Campo San Luca 周围。Ca'Macana 是威尼斯最棒的狂欢节面具商店和作坊之一（Calle delle Botteghe,Dorsoduro5176）；Legatoria Polliero 专门出售威尼斯传统的装订图书，有些是用大理石纸的（Campo de Frari,San Polo 2995）；Mazzon LeBorse 是个朴实无华的商店和作坊，这里可以买到纯手工制作的皮革包和小饰品（Campiello San Toma,San Polo 2807），而徘徊在 Calledei Fabbri 街上则会充满了惊奇，这里虽然没有名牌精品店，但是那些精致的手工艺品和玻璃艺术品店足以令人难以抗拒。

🟡 **8 PM** 凤凰歌剧院（Teatro La Fenice）

去凤凰歌剧院听一场歌剧会是次极为难忘的享受，感染着"水城"灵秀气息的凤凰歌剧院在意大利歌剧史上的地位却非比寻常。1853 年，风华正茂的威尔第将这里作为《茶花女》的首演地，将这个本名不见经传的小剧场推到万众瞩目的位置上。此后，威尼斯成了欧洲歌剧的中心，几乎所有重要的指挥大师和作曲家如理查·施特劳斯、卡拉扬、伯恩斯坦、阿巴多、穆蒂、小泽征尔等都在这里留下了他们歌剧生涯中最重要的足迹。尽管如此，凤凰歌剧院的历史却几经波折——它曾先后三次被大火焚毁，最近的一次是在 1996 年，两名电工玩忽职守引发火灾，金碧辉煌的歌剧院再次被彻底烧毁，化为灰烬。经历了 8 年的漫长修缮后，剧院终于于 2004 年恢复旧貌，重新开张。（Campo San Fantin 1965，30124；www.teatrolafenice.it）

12 PM 格拉西宫殿酒店（Palazzina Grassi）

新近开张的格拉西宫殿酒店就位于格拉西宫旁，设计鬼才菲利普·斯塔克为这个16世纪的威尼斯贵族老宅创造出了浪漫靓丽的黑色背景。设计师在保留了这幢传统建筑的古典轮廓后，亦将标志性的中央廊柱恢复，抽象的现代设计手法却从这些遗迹中蔓延至酒店的各个角落中。酒店共有26间房间与一个专门针对会员的俱乐部和一个高级餐厅。镶桃花心木护壁板的餐厅内有难得一见的穆拉诺玻璃工艺品，手工打造的台灯巧妙地烘托了气氛，餐厅美味的鱿鱼汁利梭多饭也极受富商的欢迎。斯塔克依然在客房设计中延用纯白设计与多重镜面的组合，优越的地理位置也令很多房间都可享受到运河的无敌靓景。与斯塔克不羁的气质相匹配，这家酒店的服务也是反传统的，入口处并未设置显眼的接待区域，提供的是"量身定做"服务，客人们可以将他的需求告知工作人员，得到个性化的建议，酒店方面更会体贴地为每位客人开出一张阅读单、古董欣赏单，甚至在附近的古董收藏家中享受私人晚宴等，完全满足住客扮贵族的意愿。酒店价格每晚350欧起。（San Marco 3247，30124；http://www.palazzinagrassi.com/）

Sunday

10 AM 绿园城堡（Giardini）

在艳阳和海风下的威尼斯看展览无论如何也是一件激动人心的事，尤其是在双年展预展的几天中，有的人会为看到敬仰已久的大牌建筑师作品或不经意间的遇见而激动，也有的人为发现新作品、新艺术家面孔而激动，还有的人，甚至可以为了这个氛围而激动不已。把威尼斯一年中最美好的时间用来看艺术、建筑，绝对是件很浪漫的事。威尼斯艺术双年展与威尼斯建筑双年展均是艺术界与建筑界最牛的展览，这两个展览隔年轮番上演。绿园城堡内的展览以国家馆为主，能够进入这里的展览都是经过每个参展国家的严格筛选，各国都满怀憧憬地想赢走最高奖项——威尼斯双年展金狮奖。在这里，可以欣赏到不同国家和地区所推荐的展览，也可以欣赏到艺术品与展馆如何互动。这里的许多国家馆建筑都是出自大师手笔，如 Carlo Scarpa 于1954年设计的委内瑞拉馆、Alvar Aalto 于1956年设计的芬兰馆以及 James Stirling 于1994年设计的书店，这些作品让绿园城堡本身就成为一部20世纪现代建筑史的活教材，也是威尼斯少数可见现代建筑的地方。展场内的餐厅也设计感十足，亦是不容错过的。目前展出的是第54届威尼斯艺术双年展，在绿园城堡、军械库和城市的其他地点并列展示了87个国家带来的作品——如此庞大的规模，刷新了这个历史最悠久、最富影响力的展事的纪录。今天的威尼斯，艺术不只是保留在从圣马可广场到大教堂的雕塑遗迹以及辉煌的绘画之中，不再是等待你仰视和膜拜的历史，而是伴随着双年展扩展的视界，成为你乘坐"贡朵拉"观光城市时必经的"景点"，成为生活中随手可触的一部分。

2 PM 军械库（Arsenale）

从绿园城堡出发，穿过一座座简朴的民宅与小桥，十几分钟后，便能走到军械库展场。这里古老的居民区与喧嚣的圣马可广场相比，宁静得惊人。走进一条条由无数石桥连接的小巷深处，狭窄的街巷中，了无人影。也许，这才是真正的威尼斯。作为双年展主场馆之一的军械库是主题展与部分国家馆的展区。这里前身是集兵工厂、船厂、铸造厂以及码头于一身的场馆，可追溯到8世纪，之后不断扩建，在16世纪生产最鼎盛时期约有1.6万名工人，制造了当时闻名的威尼斯舰队。这里与通常带有教育意味的美术馆空间不同，而是当地人已使用了几百年的房子，仿佛是西方小说里惯常描写的街巷。在军械库看展览，最美妙的莫过于享受那种由空间的宽敞带来的放松感了，长方形的工厂建筑被隔成了一个个展馆，每个展馆间由厂房之间的门隔开，每走完一个馆想停下来，却感到有更好的在前面，令人有走不尽的感觉。

6 PM 西普里亚尼酒店 (Hotel Cipriani)

从圣马可广场搭乘小船便可抵达被誉为宁静绿洲的基乌德加岛（Giudecca Island）。西普里亚尼酒店就建在小岛前端一座带有文艺复兴时期风格的古堡中，长期以来，这家酒店一直被认为是威尼斯地区最顶级的酒店，现在被纳入东方快车集团麾下。这里不仅交通便利，距离威尼斯市中心的景点、商场和餐馆都很近，而且酒店最早的创办人 Giuseppe Cipriani 是著名作家海明威的好朋友，并且出现在了海明威的一部小说中。酒店房间的装饰各不相同，站在房间里你能眺望到花园、游泳池、泻湖或是圣马可广场的景色。酒店的泻湖景房有阳台，并带有一间按摩浴池。酒店内的卡萨瓦纳健身中心（Cassanova Beauty & Wellness Center）拥有一个奥运会标准大小的咸水游泳池，这是威尼斯市中心唯一的一家游泳池。循环过滤的海水游泳池在春天和秋天水温都保持在 26℃，延长了美妙的游泳季节。卡萨瓦纳提供的水疗服务也非常出名，尤其是贡多拉按摩。顾名思义，这种按摩是在威尼斯著名的贡多拉船里进行的，改装过的贡多拉由游客的私人船夫驾驶着，在威尼斯的泻湖里慢慢行驶，而游客可以在船里悠闲地享受按摩服务。按摩疗程一般为 40 分钟，但是否担心会被游客或是船夫偷窥到隐私则取决于每个人了。酒店的几家餐厅都是欣赏威尼斯夜景的绝佳位置，餐厅映着泻湖水色，有如绿洲般静谧，这里的菜也颇具创意。酒店价格每晚 499 欧元起（10 Giudecca；www..hotelcipriani.com）

纪行

场外

俞挺这个人

撰文 | 徐明怡

1972年5月23生于上海
教授级高工
博士
国家一级注册建筑师
上海现代建筑设计集团 现代都市建筑设计院副总建筑师
东南大学建筑学院客座教授

此外还是美食家、半佛教徒、命理学家、作家、画家、业余历史学家

设计哲学 - 吴托邦 Wutopia
吴：传统文化研究，《不见之见》（中国古代无法实物考证的建筑史和装饰史）和《诗园同构》
乌托邦：基于建筑互文性和热力学第二定律的研究的反乌托邦的现代性研究
吴托邦：传统文化之于当代语境下的建筑策略

有很多欲望，又有很多舍不得，生活也就变得模糊不清了。

俞挺的过人之处还在于，他懂得放弃，愿意缺席。

中国在进入21世纪以后，无疑早已成为世界上最大的工地，对当代建筑界来说，这其实是场盛装的舞会，每一个剧中人都在以自己的方式翩翩起舞，分享快乐与美酒，而正是这一波持续高潮的中国人为中国当代建筑注入了新的可能。

但是，在这场狂欢中，俞挺似乎缺席了很久。就在2008年，北京奥运会召开的那年，他跑去了英国进修。直到2010年，他再次浮出水面。

翻阅其简历，俞挺的经历无比简单：清华大学建筑系本科毕业后，工作只是集团内部调动了，1995～1999年供职华东建筑设计研究院创作所；1999～2003年在上海现代建筑设计集团蔡镇钰创作室任助手、主管、主任建筑师；2003～2004年期间任上海现代建筑设计集团建筑设计部副总建筑师；2005～2008年任上海现代建筑设计集团现代都市院创作所所长、总建筑师；2008～2009年，赴英国，去伦敦艺术大学中央圣马丁学院进修；2009～2010年，思考休眠期，蛰伏了半年；2010年开始在上海现代建筑设计集团现代都市建筑设计院任副总建筑师。

之后，我先后又知道了俞挺的方方面面：这个人、他的建筑、他的文字，以及他的部分生活。这几个部分相互重叠交叉，构成一个不完整但是丰富的形象。这名双子座男子有着多重的生活，而他总是发挥着自己的智商和情商，尽量把事做好，像个坚固的YKK拉链，把双重生活拉紧契合起来，至少不要相去甚远。

上海拧

有人说，人过中年，心灵的房子已经成了个烂尾楼。这话却没印证在俞挺的身上。

七年前，由于他初显"地中海"，又常和"60后"们搅和在一起，让我一度误以为此人已步入中年。不过，这些年来，虽然他的头发依旧没啥改变，但打扮却愈发入时，破洞牛仔裤、皮质手环、颜色鲜艳的T……让我有了"返老还童"的错觉。

用他的话来说："我这幅长相，就是个四十岁的长相，所以，到了我五十岁时，其实也还是看上去像四十岁。"

不过，依我看来，他依然保持了颗璀璨而年轻的心。

俞挺走哪都喜欢给自己贴一标签——"上海拧"。这一封号其实被大多上海男人所遗弃，长久以来，上海男人的有些特质一直被人冷嘲热讽。在《文化苦旅》中，余秋雨有篇叫作《上海人》的文章，极尽批评之能事，之后又说，"全国有点离不开上海人，又都讨厌着上海人。"对此，俞挺却横眉冷对地反击起了我："为什么不承认自己是上海男人？上海人不是地域概念而是文化概念，而且，无论地域上还是文化上，我都是个上海人。"

"现在和外国朋友一起时，我还会让他们也学几句上海话。"

"当你否认自己出身的时候，就说明自己不够自信。就算我到国外去时，我也说自己是上海人，中国人，这样的事实，是涂脂抹粉也改变不了的。"

其实，上海拧，尤其是代表着海派文化的上海拧，他们的生活是悠闲的、雅致的，从

1930年代开始，已有"海派文化"一说。

如今，纸醉金迷的年代虽一去不复返，但这一传统却依然留存在民间，俞挺过着的则是这样的生活——继承了上海人精致、有品位、中西合璧的个人生活情调。就拿出行范围来说，俞挺的生活要求就颇为严苛。

"我的生活范围——北不出昌平路，东不出外滩，现在加国金，南不出肇嘉浜路，西不出中山西路。"

"不对，我是偶尔去中山西路的，其实我还有个核心圈——西不出华山路，东不出黄陂南路，南不出建国西路，北不出北京路，还有个零头，国金中心。"

吃货

与俞挺见面，大多在饭桌上见，连难得的采访都是在洗脚房中进行。

他的爱吃其实是与生俱来的，他从小就爱吃，他小时候就已经知道馄饨、小笼包子和生煎馒头会有不同的流派和做法。而他在中考的志愿表上，控江中学下面就直接填了厨师职业技术学校。

"我可是用饭菜打动过不少女孩的心！"俞挺得意地说。

在圈中，俞挺的享乐主义人生观是出了名的，用两字概括，就是"吃货"。在哪吃？哪的菜好吃？问他总是不会错的。上海建筑师圈子的聚会，每次都是由他老人家选址定菜，而他的选择总不会令人失望。

俞挺其实有点米其林美食侦探的做派，只是都是自费，他也乐于写下点只字片语供人分享。2011年2月16日，他与老婆领证5周年，假座和平饭店（Fairmont Peace Hotel）9楼的华懋阁庆祝，当天晚上，他就写下了评价日志。

"面包一般，香槟的保存有点问题，今天新开的Moet&chandon居然不够'青春'。"

"前菜是腌渍鲑鱼，很好，海盐刚刚好，肉质弹性充足，在上海很少吃到这么好的腌渍鲑鱼。""阿拉斯加帝王蟹沙拉。赞个。量少点。"

"牛尾清汤，汤底有烟熏豆腐，有创新，口味怡人。"

"主菜：牛腰肉，我要五成熟，但显然是六成熟，外皮不够硬，汁水不充沛，失败，不如罗斯福和华尔道夫甚远。"

"海鲜杂烩 汤底不浓，少些辣味，料不猛，一般。"

"甜点是70%黑巧克力，绝赞，赠送的芒果芝士蛋糕，老婆推为上海第一。"

他最后的总结是："锦江为主的Fairmont Peace Hotel，总搔到人痒处，但仅此而已。"

还有个段子，就是俞挺对毒素特别敏感，是不是有机菜也根本无须调查取证，这厮就是只最好的"小白鼠"。但凡让他吃完舒坦，不闹肚子也不难受的餐厅，那肯定是令人放心的。

"我肠胃不好，路边摊，吃了就拉肚子，上周那个臭豆腐，当场就拉掉了，所以，我只能花很多的钱，住很贵的地方，吃高级的菜。"

这样的高标准严要求同样也出现在许多与食物相关的琐事上，就拿最普通的苹果来说吧，他都有一番"选美"理论，要经过他手进入口袋的苹果必然"国色天香"——"首先，手感不能酥，也不能生，要正好；其次，大小要差不多；再者，不能有疤痕，也不能亮，因为太亮的苹果会上蜡。"

网络红人

网络时代改变了大众，当然，也改变了建筑师。

建筑师们如今也非常流行在微博、豆瓣、人人网上扎堆，当然用的大多是花名。

有时，他们是为了互相撩两句，改善枯燥的工作环境，但更多的，却是发表一些见解或是普及常识，为年轻学子们构筑起一个了解建筑圈、学习建筑知识的平台。去年，豆瓣上的"城市笔记人"还入围了中国传媒奖。

与勤勤恳恳为学子们普及建筑学知识的网络红人不同，俞挺的迅速蹿红却是因为"毒嘴"。他不爱以记叙文的形式循循善诱，而总是以一副尖酸刻薄的"毒嘴"腔，去毁一些大师。当然，用好听的话来说，就是以批判的眼光看待事物。

虽然也有人质疑俞挺的网文，觉得那都是抱着"酸葡萄"的心理在挤兑这些功成名就的"建筑大师"们，对此，他表示："很多人从我的文字中看到了八卦，但其实我写每篇文章、每段八卦时，都会有自己的看法。所以，我觉得我的八卦会让人看完很爽，但却不会爽完了就空虚。"

虽然俞挺的网文初看会让人觉得是在否定别人，但是仔细研读后会发现，其实，这是他在观察别人后得出的结论，这里会包括长处，也会包括短处。

"我觉得成功的人都应该向你讨厌的人学习"俞挺道出了他的学习之道。在他看来，否定别人是件很容易的事，但是在否定别人的同时，首先就要反观自己；其次，要向讨厌的人学习。当他知道别人的短处时，就可以引以为鉴，如果能避免得了的话就最好，如果避免不了，就可以向他学习如何扬长避短；而如果学习不了对手的长处的话，就可以在以后交手时，尽量规避其短处，将自己的长处发挥出来。

我以为，从某种角度来看，俞挺的出现改变了网上生态。他的出现令很多网络红人开始改变文风。那些披着马夹的大腕们，从最初的斯卡帕、中国古典园林等这些严肃话题中，开始关注到了东南大学的小情侣等等。

据不完全统计，俞挺在豆瓣上的关注度有3000多名，而在人人网上的关注度也有1000多名。"这些人大多都是学建筑的，来自全国各地的建筑系，因为豆瓣，我才知道，原来全国有那么多建筑系，还有那么多我不知道的大学。"

其实，俞挺最初迷恋上网络的原因是因为想与饕客们分享美食心得，只是，事与愿违，他硬是又从美食界杀回了建筑界。就采访的那一两小时，俞挺总是会时不时地掏出他那上网功能并不强大的手机，看看豆瓣，玩玩人人。

建筑师

在絮絮叨叨了俞挺的诸多八卦后，最后要谈的其实是他的正职。他其实是个正儿八经的知名建筑师，且职业道路一直平坦，堪称年轻学子争相效仿的榜样。

混到俞挺这份上的建筑师，大多都想着另起炉灶，离开"大院"，这样的先例不胜枚举。

问他原因，又是那句："身体不好"。

没一会功夫，他变得很严肃："做事务所很容易会放弃设计。"在他看来，运行一个事务所，需要社交、要接触、要找活、要管理、要Marketing自己，最后才是做设计。

"每天一睁眼，你就会想，今天要开销多少。所有的放松状态都是基于所有的开销都已经打平了。"

随着事务所的规模越来越大，最先放弃的往往是设计，而Marketing的事情可以找别人代做，管理也可以让人代为管理，但最终不愿意放弃的是因为社交而带来的业主关系，而这样的流程，其实就是商人干的事。"商人这活，我又干不了。"

现在的俞挺，生活过得挺纯粹。在他看来，副总建筑师这个身份，无疑就是管管原创设计，教导教导"小孩子"。这比他去英国前的现代集团创作所所长的身份还要惬意，毕竟，那时候还有产值、合同额这样的指标压在身上。

几年前，因为九间堂的设计采访他时，他还会给我抛出诸多理论，而他的九间堂别墅亦有许多生硬的痕迹，如今的他，谈起设计时却非常放松。用他的话来说，他特别感谢这三年的停顿，"放逐"的生涯让他的思路变得更加清晰，"英国那地方确实应该出哲学家，因为除了思考，实在没什么事情可干！"

现在的他，并不迷恋地标项目，他所好的反而是那些小小的设计。他最近的项目就是在苏州拙政园边上的一个有点复古的设计。"等状态好的时候，飞花摘叶都可成为设计，每一寸草木也都可以是你的设计。"俞挺说起这个时，有点小得意，"我现在做这个设计的时候，特别陶醉，我可以在这个小院子里把我在书里的理论都演变成设计的论据。"

虽然暂且还不能看到俞挺最终构建出的其世界的全貌，但可以肯定，在这一辈的建筑师中，他正在行走的绝非一条捷径。

场外

END

我的清华

撰文 | 俞挺

教育工作经历

1990～1995年　清华大学建筑系
1995～1999年　华东建筑设计研究院（1998年该院和上海建筑设计研究院合并为上海现代建筑设计集团有限公司）方案创作所
1999～2003年　上海现代建筑设计集团有限公司蔡镇钰创作室 总师助手、建筑主管
2003～2004年　上海现代建筑设计集团有限公司经营管理部 主管、建筑设计部副主任建筑师
2005～2009年　上海现代建筑设计集团有限公司现代都市建筑设计院建筑创作所 所长、所总建筑师
2009～2011年　上海现代建筑设计集团 现代都市建筑设计院副总建筑师
期间
1998～2002年6月　上海同济大学 土木与建筑领域 工程硕士学习
2000年　获得国家一级注册建筑师资格
2005～2011年3月　上海同济大学 建筑与城规学院 建筑设计与理论专业 博士学习
2008年　伦敦SOAS学院进修
2008～2009年　伦敦艺术大学中央圣马丁学院进修

社会兼职

同济大学建筑与城市规划学院建筑系课程设计客座评委及毕业设计课程设计答辩委员
中国建筑学会资深会员
《城市环境设计》"城市文脉"专栏主持
中国饭店协会设计装饰专业委员会理事

个人获奖

2010年　中国建筑学会第8届青年建筑师奖
2007年　首届浙江省大学生建筑设计竞赛优秀指导老师奖
2003年　首届上海青年建筑师新秀奖入围奖
2001年　第二届上海国际建筑设计展之青年建筑师作品展创作奖

社会评选

2007年入选《名牌》评选的一百位华人设计师
2006年入选《Domus》评选的78位当代中国设计师
2004年入选《新地产》评选的影响当代中国的一百名建筑师

著作论述

2011年《不见之见》三联书店
2007年《草图世界 手绘理想》华中师范大学出版社
2005年《建筑的渐顿之道》中国电力出版社
2003年《草图中的建筑师世界》机械工业出版社

我是抓阄选择去的清华。

但清华不是象牙塔，清华是个战场，有着自己的丛林法则，理想、爱情、兄弟、背叛、交易、阴谋还有死亡，戏码无一不足。

那时最变态的口号是"健康地为祖国工作五十年"。我毕业5年就得重病，不好意思了。

那时学生大都是自己单身来报到的，就是偶尔陪着来的家长也可以和同学共挤一房。

有次接新生，一个中年人来接待站，说替他领导的孩子来报到，我们的回答很简单："让那厮提着行李自己过来，否则滚！"

清华那时周边还是个郊区，听得鸟叫，看得农田，第一年就连圆明园都可以任意出入。对上海人而言，北京也像个大郊区，除了中央的金色"庙宇"。最让上海人受不了的是食堂糟糕的饭菜，更糟糕的是师傅的态度，也许跟着女生才能吃饱，因为师傅总把女生当猪养。

学院路上的院校是泾渭分明的，校只有两家，清华北大，其他则是院，人大是另外一回事。那时的传言是"好男不娶二外女，好女不嫁建工男，打架躲着公安大。"回顾5年，居然没和上述3个大学发生关系，无法求证也不免遗憾。

清华目高于顶，现在居然自谦"五道口技校"，清华的理工科自然牛，关键这些理工科觉得要是他们学文科自然北大复旦也不在话下。北大的也不含糊，尽管北大女生常常是清华男生的猎物，打架也不是对手，但他们自有办法，他们出了一本《清华是中国的发动机》，清华的还没得意过来，第二本书出了——《北大是中国的领航员》，得，清华被操控了。

清华那时最缺女生，所谓"清华有才子，新斋少佳人"。清华女生稀罕啊，但女生伤不起，那些试图不轨的外校家伙包括外国家伙经常被男生围殴。

老师会对新生喝道"进了清华，要端正态度，不要觉得自己牛，牛的人多了去。"所以新生们见面就是测试水深，一大堆各级状元吵吵嚷嚷地看谁的本事大，成绩好、见识广、书读得多、牛B谁大等等。

饥渴的高班男生则把女生群体打量了够，确定了各自的掠取目标，所谓新生联谊会就是一场心照不宣的围猎。

建筑系的学号是最前面。我们那届的学号是一号的学生因为无法直升清华建筑系，就投入高考，再以本系北京第一名进入。但北京最牛的是四中，考不进清华北大的就算差生。

更牛的是天津南开的，那个进建筑系的MM因为早恋，只考了南开第6名，但她是天津市第7名，天津前20的除了第2名都是她们家的。

所以加分进来的都不好意思提自己加分的事，仿佛他们占了多大的便宜。

本事和出身无关，少将的儿子？不好意思，这是曾国藩的曾外孙，这是荣毅仁的侄孙，谁没有个谱大的祖啊！

但有人会关心地域，班花对我讲"外婆关照过，不要和上海人来往。"我只能闪。尽管北京人的优越感最强，第一句总是拉长调的"哪儿来的？"但上海人的优越感总是高了那么一

点"上海的！升调"。

你要发表惊世骇俗的言论可以，那得先说服你寝室的，再说服你班级的，否则大喇喇地说说点不靠谱的话时，总有人害羞地对旁边人讲到"兄弟，不好意思，笼子没关好。"

第一堂课的印象是，梁思成是我们效仿的典范，清华建筑系是清华排名第一的，建筑系的学生永远是焦点，永远最骄傲，永远与众不同。清华建筑系才是清华！（现在呢？）至少建筑系的最善伪造票据，从早操票到电影票到摇滚演唱会门票，但盗亦有道，就是不伪造餐券。

可惜当时我并不知道建筑系是学什么的，直到二年级看到密斯的作品后才明确自己的人生方向。

入学当天，我就仔细阅读了校规，这让我明白作为学生的底线在哪里，于是五年中我始终站在底线上舞蹈，最后顺利毕了业。

在清华混总得会点什么，音乐、美术、体育种种还有麻将。混的基本单元就是社团。大大小小几十个，其中军乐队最招摇，总是在重大节日制服巡游，就是缺了个制服美女指挥。我是例外，不混任何社团。

1991年，愤青欢呼美国入侵伊拉克！清华那时基本是愤青的天下，但这些愤青基本都是文青变过来的，所以文青很委屈。愤青里最出活的是摇滚青年，文青贡献了校园民谣，愤青把它们唱成摇滚。想走仕途的，想变成富翁的都要在清华伪装成愤青或附和愤青。

清华学生是最牛的，神马歌星影星啊，都是浮云啊，没有关心谁拿了流行歌曲演唱第一名，但那个龅牙，永远追不到女仔而差点没毕了业的家伙居然组建了水木年华代表了我们，我们的"被"，真是一个大大的嘲讽。

那日陈道明看到我们指指点点，就急忙戴上墨镜，我的兄弟大声喊道："那厮，我知道你是陈道明，别躲，没人会找你签名。"大家狂笑地晃过了他，后来这厮演了皇帝，还真想再活五百年了。

所有在四月一日遭到欺骗的人都会听到设局的兄弟们的集体诗朗诵"假如生活欺骗了你"。

每个年级都会有精神病患者，九字班那位最神，上马列课极认真，笔记极细，马列课考试是开卷，他把笔记往桌上一放，闭目养神，临结束时，老师督促他完成卷子，他淡然道："老师让我把他不懂的东西抄在笔记上，再让我把我也不懂的抄在卷子上，我不干！"

每个年级都会出现一两个小偷，我们年级的那位几乎扫遍男生寝室，但他是个风雅的人，陪他心仪的女孩把他送她的花给葬了。

当时大家觉得校长只不过是教授前面的头衔而已。所以张孝文在大学生之家可以坦坦然然不受打扰地吃饭。后来的校长王大中当时还骑自行车上班。陈志华先生结束他的讲课时，我们起立鼓掌，这是我们5年大学中唯一的一次。

贝聿铭来我们学校演讲，我索性不去了，后来听同学讲，关肇邺先生陪他参观关先生最得意的清华大学新图书馆时，贝全程只问了一个问题，他用脚蹬了下台阶"是毛面的？""是""蛮好"。

关先生是学生的偶像，一次在他的新图做演讲时，图书馆的馆长站起来对学生讲"我不喜欢这个建筑，太保守了，同学们，以后你们走上职业道路可不要这样。"关先生也不生气，乐呵呵的。

张永和第一次来学校演讲的时候，我退了场，他是来扫盲的，不是来启蒙的。我认为清华不迷信权威。所以我从不给人情面，包括老师，经常炫耀性地指出老师的错误。但多年以后，师弟传回的消息是，居然还有老师怀念我。

挑战老师是件技术活和苦力活，需要读多得多的书，广得多的书，但我从不去图书馆实习，那安静的气氛让人窒息。

我打架不行，屡败屡战。但我最不怕论战，曾经一人面对数十个男生打口水战，虽千万人，吾往矣。

后来我脾气日益乖张，当老师把我得意的作业批为良时，我直接当着老师面把作业扔了。毕业前，老师托人转告我，大学结束了，社会险恶，请约束自己的脾气，因为他认为我是个有才气的学生。他是田学哲老师。

恶名昭著，记得那次看到低班MM的作业笑了笑，隔几日，MM托人传话"是好是坏给个准信，冷笑多渗人？"，其实我已经忘了她设计的是什么了。

那时我也留着长发，和张轲后脑长发飘飘不同，我长发在前，一直覆盖到下巴，想看人就撩起来瞄一眼。

提早两周下板是我的招牌，因为我几乎不把老师的意见放在心上，可以挤出时间睡觉或者帮本年级或低班女生打打下手。清华多了去打打上手变成夫妻的，打下手的我只认了12个师妹。

有12个师妹的我在清华的所有恋爱都失败，被拒的台词都是一样的"你没有我还会有更好的，他没有我会崩溃。"事实是没有清华男生会因为失去女生崩溃的，他们会因为成绩不好而崩溃。

我最喜欢的女生和我最讨厌的男生好上了。我想通过传信的方式委托低班同乡和我低班的MM保持联系，结果他们好上了。

我在高中时期写给上海女生的情诗被人"无意中"夹在书中给女生传阅。毕业十二年后，我最讨厌的男生对我讲"你是男生的公敌，因为刚进校时，女生都对你有好感，所以我们联合起来要诋毁你。"这倒也是，我会买好吃的给女生，会讲故事，会做饭，还能一夜间帮四个女生完成四篇选修课论文。

不过我清醒地知道，我们的校花对我只有朋友感，没有恋人感，她现在是百老汇的歌舞剧演员兼做房屋中介。

高潮是，毕业聚餐的时候，当我提到我如何第一次见到我最喜欢女生时，妈的，突然断电了。她是大提琴手，现在在美国，没和我最讨厌的男生在一起。

现在想来，那时的恋爱是表演给自己的，不是为那些女孩的，所以失败也是活该。

这段才子被纵容的日子，在1993年下半年结束。因为学校的风气转变了，经济大潮冲击了建筑系，谁有才华被谁最能赚钱所取代。我不习惯这个转变，则被抛弃在边缘自怨自艾。习惯被焦点则不习惯被轻视，由此试图以更极端的乖张博取重视，但招来了更大的轻视。

那时居然一个月中被偷了两辆山地车，借来的自行车也在骑行中断了脚蹬。典型的"喝口水塞牙"。

在"批斗"我的日子中，那些我关心过的同学毫不犹豫地加入了批斗我的行列。只有陈曦坚定地成为了我的朋友。

是在清华的上海同乡拯救了我，我搬离了建筑系宿舍混在了水利系，躲开是非。在哪里我痛定思痛：清华不相信眼泪，自怨自艾的人要么退学要么自杀。清华崇拜强者，要么改变规则，要么利用规则。

最后是陈衍庆老师把我拉回建筑系。想明白的我用老师喜闻乐见的方式完成了清华最后一年。

衣服变成正装，头发剃成平头，设计不再追求惊心动魄，四平八稳地成就所谓"浪子回头"的美名。

就是在大五，我淡定地和我最讨厌的男生面对不同挑战者，联手创下了"八十分"连续不败的最高纪录，事实是我们累了才结束马拉松的比赛，全年级都在诅咒"这对人渣！"。

大学的最后两年，人心已经散了，中关村已经满是兜售"全毛"的黄片的浙江人。建筑系赶上了房地产的第一波高潮，涌现出大大小小的富翁。建筑系变成由大大小小的团伙组成的，老师是头目，学生是苦力，关键是苦力们还沾沾自喜。

经管学院的系馆规模和装修已经大大超过建筑系馆了。校园的秩序和规则在不知不觉中改变了。最后一年是清华的大戏码，有些人有些事真不能细说，但这是真实的生活，战斗在大学就开始了，在我还陶醉于设计、读书和泡妞的时候，人家早在度量留京、考研和出国。

所以大学一毕业，我头也不回地就回了上海，在火车上看着车站上痛哭流涕的同学们（我们系的都在干私活，不在火车站），我相当淡漠，上海才是我唯一的念头，现在想来那就是逃，连撤退都算不上，活着就有机会。

现在想来，我的清华已经不在！不过关于那次抓阄，我觉得总有神在。

场外

俞挺的一周

撰　文 | 俞挺
摄　影 | 濮圣睿

作为建筑师，他是大院的副总建筑师，需要在各大项目间指点江山；
作为上海男人，他喜欢精致生活，对美食颇有研究；
作为网络红人，他就像江湖中隐身世外的高人一般，俯视建筑界的各路大神，让人不得不好奇之；
……
对他来说，这篇再普通不过的周记，却让我们从其日常的生活轨迹中，以管窥豹；而这个总将"双子座"男人挂在嘴边的男子，确实也体现出了双子座花蝴蝶般灵活多变与聪明过人的特点，虽多产嬗变，但却能保持一贯的高品质。

——编者按

2011/5/30

10:00　浦东，JJT 二期设计协调会，这个搁置数年的项目的再启动让我反而有点不知所措了。
11:30　单位办公室 草图确定浦东 TC 别墅设计的概念，向助手传达南海会馆和三峡博物馆设计的概念，查看助手深化自己草图的进度。
12:30　玉房午餐。
14:30　去交大带 workshop 课程设计。
17:30　去兴国宾馆，和合作伙伴研讨朱家角 E 会所的概念。
P.S.　兴国的西班牙气泡酒很差。
18:30　携家眷看望父母。
19:00　回家，吃饭，看《苏州古典园林》，研习案例，上网，休息。

场外

2011/5/31

9:30　进办公室，审核各项设计内容和进度

11:00　嘉定业主和钢结构施工方来办公室讨论施工细节。图纸不满意，重新设计了节点和做法，强调了细部的重要性，并确定了玻璃以及防腐木的样式、色彩和花纹。

12:30　玉房午餐，助手请客。

13:00　章明来访，交流了近期的项目设计，他的助手很漂亮。

13:30　继续研究设计，否定了助手TC别墅的深化内容和E会所的深化内容，并完成草图指示修改方向。

15:00　请假早退，换一下环境，陪夫人在国金中心百丽宫看了《加勒比海盗4》，遇到张斌夫妇。电影前在baker&spice简餐，三明治和甜点不错，咖啡极糟，国金喝咖啡还是去COVA吧。电影后并在正斗粥面打包，在city super买日常用品。

19:30　回家，休息，看书，带小孩。

2011/6/1

10:30　苏州，和工匠头讨论苏州别墅的细部以及园林作法。并确定下一周会审园林院的景观设计会议。

12:00　吴门饭店午餐，借老宅而开设，自是好去处，但服务和设施很普通，特色菜还成，但不见精细只见粗疏，有点可惜。

13:00　设计协调会，对业主意见进行回复和讨论。

15:00　拙政园参观，会见盆景大师，了解盆景的制作养护工艺和艺术特点。

18:30　到家晚餐。

19:30　看望父母。

20:30　上网回复邮件，确定下周二交大workshop中期评图，带小孩。

场外

2011/6/2

10:00 苏州，会审苏州别墅样板房室内设计，否定现有设计，经过充分沟通，明确了室内设计的下一步方向。
11:00 参观未对外开放的整旧如旧的移建义庄。
12:00 业主公司食堂，简单午餐，饺子，其实是包成饺子的馄饨。
12:30 赶往上海浦东。
14:00 无极书院协调会，确定幕墙和钢结构做法，交底室内基本构想。期间接到电话，自己设计的九间堂别墅被中国建筑学会选送至亚洲建筑师协会展览评奖。
16:30 会议结束回家，晚餐。
19:00 草图构思朋友委托咨询的小项目，帮忙。
21:00 将草图电邮，休息。

2011/6/3

10:00 龙田路，会见业主，讨论朱家角E会所的设计，并确定下周五汇报。
11:30 玉房午餐。
12:30 最后敲定浦东TC别墅区的方案、立面、平面以及节点做法。
13:30 嘉善路尚街，考察堆跺式停车场。
15:00 武康路376号，看展览，并在葡道和合作伙伴小酌法国气泡酒，很好。
18:00 茂名路，足底按摩。
19:30 淮海路kee俱乐部，和Luca晚餐，讨论去意大利讲演的计划，继续香槟狂欢，但这家会员制俱乐部换了主厨后，菜色仍不见起色，所以当总经理询问意见时，力批之。
22:00 回家。

场外

2011/6/4

上午看了段《帝国》,下午读了段《残雪的文学观》,由此推及建筑学,颇有同感。

间或替老婆大人带会小孩。

18:30 朱家角古镇,课植园,观赏实景昆曲《牡丹亭》。同行范文兵。演出颇意外,甚好,表演利用了园林的空间层次,虽然细部略显粗糙,但环境唱作相得益彰,唯一不妥之处,就是谭盾自鸣得意的一段插曲。

20:30 后台,和主演张军讨论了他关于九间堂十乐会所舞台的构想。

2011/6/5 周日

上午继续阅读《帝国》。

中午去国金中心。isola的披萨超赞,海胆通心粉和牛排也不错,海鲜汤质量下降明显,服务跟不上,主厨是佛罗伦萨人,他家的用料不错,安福路的那家就输在披萨的奶酪上。

Moscato的果香充沛,略带甜味的气泡酒会是中国女生的所爱,口味青春啊。

家务时间。

确定下周四同济毕业设计评图。

看电视。

回学生的电子邮件。

本周没有任何写作,网文与杂志约稿均在上周抽空完成,但《杂谈-9》构思完成。

感悟

建筑学以外

撰文 | 汤斗斗

建筑学历史久远，但这种久远并没有强化它的专业性。一直以来，尤其是专业分工越来越明晰以来，建筑学就越来越被视为跨专业的边缘学科。前段时间听小友在群里提到建筑学以外，当时也附和地说了不少，后来想想，建筑学哪来专业以外呢？

建筑学无所谓内外，它就是对关于人的生活元素的布置与安排。从这个意义上说，建筑学所呈现出来的状态应该完全与人的生存状态相关，是人的生存状态的物质反映。不同地区，不同时代应该有不同的建筑，这种不同直接与建筑学服务的对象相关。时代、地域的特征也将会在这些具体对象的身上呈现出来，并因此影响到建筑学的呈现。

建筑所服务的对象也正是从这种地域和时代的背景里获得其自身的稳定性——同一个人群的共同特征。同时，所谓生活的元素，直接与技术相关，并因此与时代和地域相关。这种技术条件提供的限制也成为建筑学稳定性的来源。因此，建筑学并不因为服务于不同的个体而表现出完全不可相互理喻的差异，反而因为个体的社会性，不同建筑师操作的服务于不同个体的建筑学表现出来的共性甚至远远大于它所应该表现出来的差异。

如果完全从个人的角度出发，就我了解的不同人的差异来说，不同建筑之间的差异远不止如此。共性的呈现，与使用者关系不大，是建筑师操作的结果。张永和曾在微博中提到建筑师的谱系。当建筑开始成为一门被前后传递的学问，建筑的共性就不可避免地成为建筑中压倒性因素。当不同的建筑师开始关注共同的问题，共同的渐进的解决方案，建筑所服务的对象的差异就被忽视，甚至被抑制了。

正如张永和在微博上提到的半殖民半封建的建筑谱系。他的真实目的在于要把半封建——这当然是个调侃的说法，他所指的实际应该是传统这一块——建设起来。当年他在讲座里就以"含蓄"来指示传统，这没准是他的理想。可我们所服务的对象未必关心这个问题，或者，在他们的生活里，不乏传统的影子，但同时也不乏更多被殖民的内容。如果要表现一种生活，就应该尽量避免去分析它，当二者都被使用者含蓄到他的生活里，其实就已经不能用殖民或者封建的标签加以区分了。在处理一个关于用筷子吃牛排的空间的时候，既不应该是殖民的，也不应该是封建的，即便中西结合的提法可能也不合适。用筷子吃牛排就是一个整体的行为。建筑师直观到这种行为所蕴含的完整意味，并找到与之匹配的空间，这个过程里，分析不仅不必，而且有害。当这个标签被贴上去，共性就不可避免地被强化了，被重点了。

建筑师的雄心注定了他必须强调差异性，而同时，这种雄心也注定这种差异性最终必定被引申成共性。当这种共性被建设起来，建筑学就有了稳定的问题和解决方式，也就有了内和外的区分。但前面说过，从本质上，建筑学是没有内外的。 _{END}

江南

撰文 | 索来宝

相机里总有一些没有"剪"干净的照片，比如之前在两江总督府拍的，让我想起自己的某个项目。那个掩在绿萝中的石刻匾额，所谓"水流心不竞，云在意俱迟"的含意，也是见仁见智的。入世出世，此岸彼岸。什么是世，又有谁来认知彼岸与此岸的异同呢？不知道。从时间的维度上来说，没有什么是不可能发生的，包括时间本身的消失。想想，一百多年前，上海还只是江南省江苏省的一个府而已；今晚，我却坐在上海一个叫"璞丽"的酒店里，在烛光中，读一回西方人眼中代表"江南"的设计。

江南，什么是江南呢？说不好。

解释江南是徒劳的，因为似乎没办法解释清楚。什么地理的江南、行政的江南、文化的江南、园林的江南……稍有迟疑，便会挂一漏万，忘了更多。解释江南是煞风景的，因为江南不是用来说的，是要你来看的。最好，坐下来看，坐在舟中看，坐在湖边看。看一个镇子、一条水巷、石板路、木格窗、白墙于水中的倒影、倒影中的白鹅、水线、远去的小舟。当然，也有说得好的，余光中说，"小杜的江南，苏小小的江南，遂想起多莲的湖，多菱的湖，多螃蟹的湖，多湖的江南。"这是一种吟咏，江南是适合吟咏的。江南没有固定的外表以及固定的边界，是虚幻的，它只是顺着水流动，挂在帆上，鸣在琴弦上，写在澄心堂的纸上，湿润在内心里。江南，有时又是具体的，可以属于湖面上的一只飞鸟，一片近水的竹林以及幽绿深沉的茶园，也可以只属于一个以优雅的姿态坐在树阴下卖杨梅的江南男人。这是一种境，物境，情境，意境，是江南赋予江南自身的，是需要你"张之于意，思之于心"的。那样，也许才能知道真正的江南。

今年雨水一会儿多，一会儿少，好像一种不够稳定的情绪。长久以来，我以为的江南有两种，一种存在过但已经消失了，一种正在消失中。翻看过一本闲书，有一张乌龙潭的旧影，是一张雪景，江南的雪景，拍摄于1920年的冬天。其时，周围山体还很完整，没有一栋高大建筑，水面沉郁，雪地中有房屋数间，有矮松三两株由雪中突显出来，美得厉害。此处是随园的南向边缘，向有大观园旧址之说，我想如果真有其事，这里该是妙玉的住处了。那种描绘在此处好像真的存在着一种遗风，我相信乌龙潭与大观园、随园，的确是有着某种关联的。而后，那位江南食蟹高手袁枚，在他的随园，执杖缓行，也在潭边等待过江南的秋风初响，等待菊黄膏肥，就像等待另一种崇拜江南的仪式。

璞丽，是个好名字。在这个有个好名字的所在，思考一下江南，不算得胡思乱想吧。只是不知今年的螃蟹怎样了，长得如何，秋后的"蟹候"聚会，应该还能让大家如意吧。 _{END}

设计,可以近一点

撰　文 | 赵周

有一位从事设计教育的朋友在博客上发布了他的学生所做的一个建造成果图片,结果引来了出乎他意料之外的反响——几家专业杂志希望发表,还有大众媒体要来采访。这位老师十分困惑,他说:"最近没好东西可报道吗?"不是因为觉得这个设计不好,设计的确不错,但问题也很明显,无论是在设计上还是在团队合作上都还有很多不到位的地方。

我也挺喜欢这个设计,以一种不那么专业的视角看来,它用我们日常生活中常见的水果筐搭建出一组拱状空间,像路径迷离的山洞,筐子筛过阳光,在草坪投下斑驳的光影,造成了极具超日常感和趣味性的效果。可如果让我多少带点刻薄地猜度一下媒体的用意,特别是一般的大众媒体,可能他们更看重的是这个建造最终呈现出的足够"炫"、"酷"的形态。对于读图时代的媒体而言,这样就足够了。至于概念设计和结构设计之间是否有脱节、有没有完全发挥出材料自身的结构与构造的作用,则可以无视,反正,绝大多数读者也不懂。

说起来真的有点令人无奈,无论是建筑还是产品的设计制造,在很长一段时间里,对于心灵手巧的炎黄子孙而言,并不是什么高不可攀的"专业活儿",而是家家户户日常生活中的平凡小插曲;可是在现如今,却成了"专业人士"的专有物,以一副高于生活的姿态出现在大众面前。一些简单的日用品,一旦加上了设计的光环,顿时身价百倍。出于大师之手的建筑,总能招来粉丝有时近乎无原则的追捧。媒体对"专业设计"趋之若鹜,用或术语化或诗意化的语言连篇累牍地报道,却往往懒得发掘、鼓励、讲述非专业的"大众"们不够醒目的设计。也难怪,在现代的都市中,盖房子、制造简单的器物这些仅仅在几十年前还是居家好男人必修的技能,早已经归于专业人士才能处理的范畴。

当一个社会中,人们普遍承认创造力是属于一小部分人的专利,并对他们的创造力加以造星般的鼓吹,而失去了对自己也具有同样能力的信心,这个社会的整体创造力是提高了还是下降了呢?这个问题的答案应该是显而易见的。其实,设计本来就是一件最切关民生的事,完全可以离最普通的人群近一点,再近一点。或许,媒体也可以稍许做些努力,不要将设计定义得那么高端,那么美形。让普罗大众那些有意思、有用场的小创意小点子,也能露露脸、见见光。 END

外部视线与内部组织

撰　文 | 郭屹民

参加完中国美术学院关于当代建筑的一场值得回味的论坛活动,一直有种感慨。论坛的主题是"现代性与本土性",主题的背后是希望就西方文化与东方文化之间的纠结问题做一探讨,所以邀请了来自东方的三国建筑师圆桌会商。虽然直到现在我还是无法对这种东西方文化的关系作出准确的描述,也不像王澍先生所说的那样当作两种文化的对抗来看待。文化的相对化是基于默认对方存在为前提的,否则是不会有所谓的"本土性"所指的怀疑的。

矶崎新在《建筑中的日本之物》一书开头就有很好的注释,他说:"从一开始,对于'日本之物'这一问题机制,它是属于作为岛国日本外部而来的视线而言的。如果是作为岛国这一自闭共同体而言的话,在其内部重复地追溯'日本之物'是没有必要的。因为这不过是自说自话的标榜而已。可是,当这种外部而来的视线引起关注时,为了与之相对应的对策会导致内部组织化的开始。在内部会对外部而来的视线作出推测,并以此来搜寻相宜的事例以及美的趣味。在日本将'日本之物'这一问题机制摆上台面之时,一定是将这种关系发生于作为岛国的国境线以及唯有大海的轮廓线上。"

所谓日本之物,是对于外部视线而言的,人类认知事物总是习惯于以固有模式去衡量新事物,日本之物就是以西方或者外部的视线投射而出的内容,对于日本内部而言,原本无意识的传统为了迎合这种外部而来的视线,传统成为了一种被意识化了的具体内容,也就是说,是被外部视线组织化了的意识产物。茫然间的身体突然被标签为内容,而内容的表达方式也就无非是物质的、图形的、符号的辨识形态。

问题在于,这种被外部视线组织化的传统是不是真正在我们身体中的传统?外部视线引起的内部组织化显然是一种"溢入"的冲击,外部与内部之间只有存在有"势差"时,才有可能导致这种由外而内的"溢入"。换句话说,这是一种具有等级性的文化视线,外部大于内部时自然会产生由外而内的这种"组织化"内容的出现。

日本之物的出现是为了迎合西方意识形态下的组织化,目的是为了获取西方意识形态对日本文化的认可。中国何尝不是呢?这已经不是一个建筑界的问题,电影、艺术、文学方方面面,包括我们的教育不都是在这样一种不自信的"被组织化"中构建所谓的"国际化"吗?张艺谋早年的电影就被认为是这样一种"地摊文化",现在我们所渴望的这些"国家"的认可真的是一点都没有改变。"本土性"不过是用来拼凑示人的形态。

就像长谷川豪所说的,普利兹克奖是带有意识形态的奖项,正因为如此,试图去迎合的建筑师也许会热衷于此,而真正具有自信的建筑师只会坚持自己的道路,因为比起意识形态,他们更相信自己的身体。 END

感悟

飞利浦"办公·人·灯光"媒体专题研讨会

撰文 | 银时

近日,飞利浦"办公·人·灯光"(Working·People·Light,以下简称WPL)专题研讨会媒体专场在北京798艺术园区的Artkey白石茶馆举行。延续飞利浦WPL的主题,此次研讨会旨在借助各方力量,引起全民对办公照明的重视,以打造美好舒适的办公照明环境。飞利浦邀请了心理学专家、往届WPL的参与嘉宾,以及飞利浦照明全球办公与教育渠道市场经理Jan Hoogstra先生与媒体共同探讨了"灯光"、"办公"与"人"三者之间的关系,同时展示了飞利浦最新的办公照明解决方案。

办公灯光对员工究竟有什么样的影响?华东师范大学应用心理学系主任崔丽娟教授指出:"灯光与其他视觉因素不同就在于它的光、色、节奏,这些会影响到人的精神。国外一项实验表明,照明条件更好的办公场所更具吸引力,其员工情绪更佳,且在一天工作结束时员工表现出的幸福指数更高。总之,良好的照明不仅可以带来愉悦舒适的气氛,而且可以帮助员工提高工作热情及积极性。"

好的照明能为企业与员工带来诸多裨益。飞利浦一直致力于通过有意义的创新提供给人们更为健康舒适的节能照明解决方案。以飞利浦LED系列办公照明产品为例,其充分满足了照明在光照等级、眩光控制、色温、显色性、节能等方面的综合要求。飞利浦Lumalive智能光照系统则是创意办公照明的典范。Lumalive解决方案将声学功能、柔软织物以及可编程的彩色发光二极管融为一体。通过对色彩、柔软纺织物和环境光照的巧妙利用,营造出一种绝佳的心境和企业形象。与丹麦知名高端工程面料的领导者Kvadrat合作,运用其防音布料可以减少环境噪声,可应用在墙面或天花板,在创造一个更为安静的办公环境的同时又将办公室打造得更有活力。

在飞利浦的绿色办公建筑照明解决方案中,充分考量了"办公·人·灯光"之间的和谐关系。飞利浦的照明专家对不同的办公功能区域设计了不同的照度等级,眩光控制,色温,显色性,还考虑了心理、美学和照明与建筑本身的和谐。飞利浦绿色办公建筑照明解决方案对每一个办公区域都进行的了人性化规划,从而提高了办公舒适程度和工作效率,降低疲劳,让人们发挥无限创意,更体现飞利浦照明解决方案的人文关怀。其中,飞利浦Dynalite照明控制系统已成功运用于北京中石油大厦、上海环球金融中心及上海金茂大厦和中国国家大剧院等建筑案例中,融入了一系列节能和先进的大楼管理技术,使其照明控制在灵活性和功能性两方面都取得了绝佳的效果。

在本次WPL媒体研讨会上,飞利浦同时启动了"未来办公,光影畅想"办公照明创意大赛,致力挖掘最原创的设计力量。本次创意大赛共设有三个设计主题:"My Light——我是灯光控;Intelligent Green——智能绿动力;Inviting Space——灵感新天地",这三个主题囊括了办公灯光的三个层面:灯光本身及办公环境的特性、低碳环保的技术驱动及创新个性化的整体空间效果,给予选手足够的发挥余地,任其驰骋创意。

参赛选手需要根据三大主题要求,提交创意理念思路,其中包含设计概念描述、设计草图以及设计草图解析。入围作品采取大师评分和网络人气评分两部分结合的评分方式。经过几轮角逐,脱颖而出的4位金奖得主将有机会与评委会大师共赴欧洲,参观"法兰克福照明展"以及飞利浦荷兰总部"照明应用中心"。主办方表示:"飞利浦在此诚挚地向每一位优秀的设计师发出邀请,让我们共同探索人与环境的和谐,低碳、健康、人性化的生活理念,用最原创的设计力量在'办公、人和灯光'的三维中寻找出最佳平衡点,勾勒出人性化未来可持续发展的'照明蓝图'。"

ibbs 八周年年会暨
CIID 四十专业委员会（武汉）交流会

资料提供 | ibbs

　　2011年6月，ibbs八周年的学术及庆典活动——"爱瑞雷格"ibbs 八周年年会暨CIID四十专业委员会（武汉）交流会于武汉锦江国际大酒店及三江森林温泉度假酒店隆重登场并圆满结束。

　　6月17日的开幕酒会，ibbs的创始人杨雨谣（老K）首先发表演讲并致开幕词，就此拉开ibbs八周年活动的序幕。6月18日开始的设计论坛上，美国室内设计师协会会员高超一及日本当代著名华裔艺术家、建筑评论家方振宁在杨雨谣的穿针引线下侃侃而谈，分别演讲《设计是空 空计是设》和《石上纯也的设计思考》，知名中文摄影网站"色影无忌"CEO李泽宇也就互联网与设计进行了发言。随后晚宴中的义卖环节得到了在场设计师们的热情响应，大家纷纷拿出心爱的典藏如御用的极品黄花梨烟斗、弥足珍贵的广州2010亚运会随喜、充满童年回忆的小人书等等。庆典现场亦正式启动了"idzoom成长基金"，让更多带着爱心与良好祝愿、具有良好执行能力的设计师们，借助"成长基金"，共同探索，催生公益氛围，并沉淀有推广价值的公益成果，引起社会更多的关注。

　　论坛的第二天（6月19日），又一批优秀设计师进行精彩演讲：商业设计师贾伟的《设计的上上之道》，设计学院副教授陈彬的《表面之后 造型之外——浅谈室内设计中传统情感传达》，酒店设计方面专家胡伟坚等侃侃而谈对室内设计的经验心得。近170位中国优秀设计师的热烈参与，使得为期两天的会议活动颇为圆满。

　　此次活动由ibbs和CIID四十专业委员会（武汉）联合主办，爱瑞雷格（北京）贸易有限公司冠名赞助，意大利道格拉斯瓷砖营销中心、武汉众森设计、武汉同一建筑设计公司、浙江思瀚设计机构武汉分公司共同协办。

　　一场微醺的酒会，两场精彩的学术论坛，相信经由这种文化的不同交流和冲击将带给设计师们一种新的思维、新的动力、新的视界，并可期待中国未来培养出更多叱咤国内外室内设计界的品牌设计师。

　　ibbs八周年的学术及庆典活动成功举办，将不仅是设计师们进行学术探讨的高规格交流会，更是一次设计师们欢聚的盛会。

《凤歌堂》中式书房陈设概念展开幕

撰 文 | 小米

由中国非物质文化遗产保护基金旗下品牌《凤歌堂》策划，以《穿越传统与现代的浏览空间——中式书房概念展》为主题的空间陈设展近日在上海大剧院画廊正式对公众开放。展览以最能体现和代表中国文化的书房空间为展示平台，展示传统与现代空间陈设元素和理念之间的冲突与和谐，在第六个"中国文化遗产日"到来之际，此次展览带给广大观众一次生动的中国非物质文化体验，同时也对中国传统文化、非物质文化的保护与传承进行了一次创新尝试。

当代社会文化的多元性，导致审美的多重性，外部环境的改变对人居环境产生了巨大的影响，中国人的生活方式发生了根本的改变，物质、信息变得更容易获得，在快速消费的时代，内心的原始美感、本能的鉴赏力也在日渐退化，加上古今艺术的断裂，传统与现代的差别似乎成了绝对的对立和冲突。

书房，不过方寸之间，但自古却是文人情怀的寄托和中国传统文化的集大成之所在。虽然古今艺术的断裂让传统的中式书房陈设被边缘化孤立化，但即使到今天，中国人骨子里向往和谐而灵性的空间的本质却不曾褪去。穿越时空界限，让传统与现代对话，策划此次展览的中国非物质文化保护基金创始人施珏希望能经由各类中式传统书房装饰品及元素，包括文人书画、雅玩小品、案头清供、古建构件等的展览，结合现代装饰、空间设计概念，创造出打破时空界限，让存在意义重新超越表面形式的书房空间新概念，也引领现代人对书房空间陈设的重新认知与重视。

此次展览设置共分为传统展示区和观众体验区两部分。传统展示区的展品能让观众领略传统之美，体会中国传统艺术中所蕴含的文人襟怀；观众体验区的概念空间展示了传统的元素和现代的装置在融合感为主基调的背景下产生局部的矛盾感、抗争感，以及对比和视觉错位的冲突与和谐。其中，水墨画传统派大家尤无曲杰作、中国丝绸艺术品精华——缂丝臻品、中国非物质文化精品"沈秀"也将被融入到此次展览中，一展中国文化遗产的风姿。

通过这样的展览，策展人施珏女士同样希望向公众倡导一个没有说教之感、没有对错之分、没有好恶之别、没有传统与现代对立的对中国传统文化、非物质文化的创新式的保护与传承。"在这个空间里，我希望展现出一种时空的扭曲感，过去、现在、未来只是一个相对的概念。传统的价值观是否还有值得我们尊敬之处，科技令我们获得便利的同时，我们也付出了巨大的代价。在书房这片精神领土，我们还能够为之带来何种不一样的感受呢？"谈到筹备此次展览的初衷，施珏抛出了这样的问题，"我不渴慕文学、不渴慕艺术，我仅仅渴慕一个空间，在这个空间里，我和我的思绪可以单独相处。"

Pentair 滨特尔
全球首家水生活体验馆在沪揭幕

2011年6月2日，来自美国的Pentair滨特尔全球首家水生活体验馆在上海揭幕，中国疾病预防控制中心专家和来自全国各地的水处理专业人士近百人在此体验和探索，共同展望未来饮用水的发展趋势。

当下，饮用水健康备受关注。Pentair滨特尔的水生活体验馆，不仅向人们展示了最新的绿色环保科技、中央软水技术和具备不同功能的净水器等，还为消费者提供不同味蕾感受的"微感观水世界"。

Pentair滨特尔的水生活体验馆选址吴中路100号，占地400多平方米，内设高科技集中展区、未知水世界、新生活的主角、灵感智趣空间四大功能区。人们可以在其间了解如何储存来自屋顶的雨水，进而使用高科技回收系统来保证整个生活用水的供应的过程；聆听滨特尔提供的针对各类水质的解决方案；从清新的水开始，DIY制作自己喜欢的茶歇，品尝不同的水带来的别样口感；感受悠远深厚的水文化、甚至肆意挥洒自己的设计灵感与创意。

FINE 精制家具
SUMMER HOME 夏意栖居系列登入上海

2011年6月2日晚，美国品牌FINE精致家具Summer Home夏意栖居系列登入上海。置身于快节奏的城市生活，人们如紧绷的弦，获得财富的同时也承受着压力与紧张。我们渴望身心的放松，渴望自然带来的惬意，FINE精制家具的SUMMER HOME系列设计初衷即是基于这种背景及需求。专注于款式、色彩与功能上的卓越细节，新推出的SUMMER HOME系列为向往休闲生活方式的人们量身定做。

2010年11月起，知名美式家具品牌FFDM在美国和中国同时更名为FINE精制家具，新名称意在突出FINE精制的概念，进一步彰显了"设计纯正，工艺精良，品质优异"的企业形象，使品牌更具艺术气息。FINE精制家具的产品设计融合古典与时尚，其精彩纷呈的外观造型、精益求精的细节构造铸就了"FINE精制家具"的卓越不凡，这季的SUMMER HOME系列同样出色。"Summer Home"系列集美国时尚休闲家具之大成，精选硬木实木配以枫木饰面，独特而丰富的涂装工艺，采撷天空之蓝（1053 Sky blue）、海草之绿（1052 Sea Grass）、牡蛎之白（1051 Shell）及林木之原色（1050 Lodge），无论您身处幽静的湖滨还是阳光下的海岸，无论是深邃的山林还是繁华的都市，只要拥有"Summer Home夏意栖居"，便能拥有一份心灵的宁静。

海南莺歌海低碳未来城城市设计

近期，维思平完成了海南莺歌海低碳未来城城市设计，该项目位于中国海南国际旅游岛的西南端，概念规划范围包括约为175平方公里（包含核心区），核心区城市设计范围约为43平方公里。设计目标将莺歌海打造成独一无二的旅游与产业并重的国际生态未来城！

设计概念取自南海玉璧，既来源于中国文化传统，塑造了温婉典雅的城市气质，也强调了莺歌海位于海南岛最南端的独特地理位置，体现了城市整体形态独一无二的价值。环形的城市结构中每一个城市区域都被海水和绿色环抱着，宛若一个个岛状城市，也是一系列漂浮在水和绿色中的生态花园。由新型能源、水系统资源管理系统、有机农业工厂来保证的零碳排放未来城市的目标。

飞利浦：商业灵感的照明启示

2011年北京国际照明展上，作为世界照明行业的引领者——飞利浦，遵循着"灯光轻松提升生活"的理念，将中国消费者购物趋势的变化与情景照明理念相结合，运用不断发展的照明科技，在本届展会上推出了多款贴合用户需求，追求细节、紧跟潮流的照明解决方案。

不知从何时起，灯光和商场间的相互作用变得如此紧密。确实，在消费者步入店铺开始，照明就为塑造品牌形象建立了第一印象。一家商场，从内部装饰设计到氛围的营造，照明都渗透着的巨大作用。作为世界照明行业领跑者的飞利浦，一直致力于通过及时地推出有意义的创新，与店家、业主等各方建立革新中的合作伙伴关系，确保产品真正符合消费者及商家需求。在本届展会上，飞利浦推出的iColor Cove Powercore，能够通过千变万化的灯光色彩，随时随心变幻的颜色色与材质、季节和颜色灵活搭配，最大限度的轻松满足品牌店铺所需的多种主题活动。事实上，无论是店主、建筑师、室内设计师或者灯光设计师，都在寻找这样一种能够创造独特氛围和意境的手段，以吸引某一特定的"部落"消费群体。如今，这种新锐的照明设计理念已成为国际设计师的首选。

出色的整体照明能够唤起内心的情绪和感动，在购物的同时带来美好独特的感官享受。在这样的购物氛围下，让品牌突破产品本身成为了一种生活方式的选择，也完美阐释了飞利浦一直坚持的"灯光轻松提升生活"的理念。飞利浦在展会上推出的所有产品，充分考虑了产品的可持续、经济性和可靠性。飞利浦始终相信，灵感来源于生活，所有产品的创新，都必须"以人为本"，深入了解消费者及市场需求。飞利浦服务于商业照明的系列解决方案，就是这种坚持不懈的追求体现，也代表了行业发展的未来方向。

科勒乐舞第十六届中国国际厨卫展

2011年5月25日，第16届中国国际厨房卫浴设施展览会在上海新国际博览中心隆重开幕。此次，科勒公司展台再度以其独具匠心的设计成为全场瞩目的中心：尖端科技、承诺中国、美式风潮、绿动全球四个展区的划分，展现出科勒身为全球领导品牌的强大实力和先进理念；美式风潮与中国时尚的巧妙搭配，让人充分领略到艺术跨越国界的魅力；科勒旗下NuMi一体超感座便器、DTV Prompt迅雨智能恒温淋浴系统和科勒中国15周年纪念作Double happiness双喜套间等明星产品的集体亮相，更成为国际厨卫设计时尚新潮流的风向标。在展会上诸多明星产品中，体现科勒"极致优雅"生活理念的纽带NUMI一体超感座便器无疑是聚光灯下的焦点：这款产品于今年4月15日惊艳亮相，它集领先的人性科技及卓越性能于一体，融合了智能冲洗、节水节能、UV紫外杀菌、加热盖板、梦幻背灯及音乐娱乐等多功能，倾力打造出一个更完美的私密空间，其功能设计和艺术气质相得益彰，出类拔萃。

美国顶级手工精制床垫 Aireloom
正式登陆中国

2011年5月27日，全球著名高端床垫制造商E.S. Kluft&Co.公司旗下高端床垫品牌Aireloom正式登陆中国上海，首家Aireloom名品店在上海红星美凯龙真北店正式对外开张。当日下午，主办方还特别邀请了来自家居业的众多设计师，除了在家居设计方面来了场专业交流外，还让设计师们体验了一把高端奢侈床垫品牌Aireloom。

床垫里面的传奇品牌Aireloom创立于1867年。1940年在出身于三代制床世家的King Karpen先生的主持下，开始专注于床垫的研发和制作。Aireloom品牌的创立秉承了严谨、精致的美国传统风格，同时也糅合了美式的自然浪漫的情怀，从而将手工精制的豪华舒适床垫进行了全新的演绎。Aireloom床垫产品一直保持精雕细琢的手工艺传统，配置、用料、手工均保持极高的要求。Aireloom品牌一直坚信最好的造床机器就是双手，大师带同工匠们，一直用精细而敏锐的触觉，将床垫的每一个细节调整到最佳的状态。其八向手绷弹簧固定技术，英式古典的簇绒技术，边缘拉扣收边技术等成就了床垫的完美状态，令其与众不同。同时，产品拥有多项技术专利，如填腔工艺、开放式平衡技术等，为使用者带来如卧云端的舒适感。Aireloom品牌床垫采用的是世界各地的优质材料，如新西兰的jomo羊毛，埃及的有机海岛棉，印度蚕丝，智利的羊驼毛，比利时的优质面料，美国的Talalay乳胶等等。

此次Aireloom高端床垫在中国的首次登陆，是Aireloom加强在中国渠道建设和市场推广的又一开端，高层的管理者们看重中国市场一直以来的长足发展，对将来的市场增长寄予非常大的信心。随着美国原装进口手工制造高端床垫Aireloom的进入中国，将会填补高端床垫市场的多项空白，中国床垫市场将会出现新的格局。

高仪推出家庭SPA概念

2011年5月25日，在第十六届中国国际厨房卫浴设施展览会上，高仪首次在国内推出高仪SPA概念，希望通过其全新的产品与设计，将家庭浴室变为私人SPA区，为个人提供纯粹的身心舒适与伸展，帮助现代都市人以回归自然的方式排遣压力与焦灼。

高仪SPA是由高仪全球资深设计总裁Paul Flowers领衔的高仪室内设计团队设计和创造的作品，蕴含了高仪设计的DNA元素，即环形、菱形和7°角三大元素，这些元素就如高仪的品牌烙印一样，无时无刻不在彰显高仪的品牌形象。丰富多彩的GROHE SPA产品系列，其主要产品包括GROHE Ondus® Veris高仪安渡斯弗瑞斯、GROHE Allure高仪雅律和GROHE Atrio高仪雅欧水龙头系列，以及一系列精心设计的个性化淋浴产品，为个人家庭SPA的实现提供了解决方案。

作为以设计为重的世界级的卫浴品牌，高仪持续制定新的行业标准。随着数字化不断从日常生活的各个方面丰富现代人的生活方式，这一潮流已经触及卫浴行业的发展，高仪SPA产品系列就很好地体现了数字化趋势。高仪安渡斯®弗瑞斯数码龙头，K7专业厨房用龙头等产品，可通过独立的无线数字控制器控制，模块化设计可方便与机械产品连接，确保满足定制化的舒适要求。无论是盥洗盆、浴缸亦或花洒，每一个出水点都在精巧紧凑的数码控制器的掌控范围内。无线科技、模块概念以及和谐的设计使得数码控制器与不同类型的浴缸和花洒产品浑然一体。

澳森隆国际家居设计中心盛大开业

风靡全球的欧美家居商业模式IDC7月起正式落户中国上海。2011年7月6日上午，上海澳森隆国际家居设计中心开业庆典仪式在热烈的气氛中正式开始。全国人大常委龚学平、上海市松江区人民政府区长孙建平、区人大常委会顾宿其、副区长张培荣、区政协副主任顾建忠以及松江区各职能部门领导，德国、意大利、丹麦总领事以及美国、比利时、葡萄牙、捷克、澳大利亚各国商务领事和家居行业品牌商、设计师等众多嘉宾出席了本次开业庆典。

在当天的开业庆典活动中，澳森隆国际家居设计中心董事长张珩先生首先向来宾致欢迎词，并简单介绍了项目概况。法国家具工业VIA协会CEO Gerard laize、中国室内装饰协会副会长刘珊、德国总领事芮悟峰先生（Dr. Wolfgang Röhr）、品牌商代表美国知名品牌WILLIAM SWITZER总经理Allan Switzer、设计师代表郑家和以及松江区副区长张培荣先生等领导嘉宾分别上台致辞祝贺。

作为国际家居品牌进入中国的窗口，澳森隆国际家居设计中心倡导"不出国门，轻松代理国际品牌的理念"，给中国的家居代理商提供了一个便捷的代理渠道，同时有更多的产品可以选折，避免了所代理品牌风格单一的缺陷，澳森隆国际家居设计中心的开幕，将填补中国国际家居品牌代理平台的空白。

美国阔叶木外销年会在南京举行

第16届美国阔叶木外销委员会东南亚及大中华区年会于2011年6月29日在南京举行。年会为木材业界与美国阔叶木外销商提供商贸平台，并针对美国阔叶木环保和美观耐用的特点作深入探讨。据相关统计数据显示，自2006年至今，据了解，中国已经多年连续稳占美国阔叶木进口市场的首位。总部座落于美国弗吉尼亚的美国阔叶木外销委员会旨在向世界各地推广包括红橡木、黑胡桃木等在内的美国阔叶木。本届年会共有七位来自世界各地的权威专家担任演讲嘉宾，并围绕有关美国阔叶木在设计、制造、贸易等方面的最新发展和应用，进行业界信息和意见交流。

久光"水晶·夏季·花园"展

2011年5月26至29日，享誉全球的瑞典国宝级艺术水晶品牌——Orrefors和Kosta Boda在上海久光百货购物中心二楼花园举办了主题为"水晶·夏季·花园"的艺术展。展览展出了Orrefors和Kosta Boda一系列的夏季新作，为参观者带来了最新一季纯手工打造的水晶臻品，令人犹如置身于一个梦幻般的艺术水晶世界。

此外，在4天的展览期间，Kosta Boda的瑞典杰出设计师——路德维格·洛夫格林（Ludvig Löfgren）先生亲临了活动现场与广大参展观众亲密互动。洛夫格林曾先后到瑞典艺术工艺设计学院和位于美国华盛顿州的Pilchuck水晶学校进修，并在纽约、伦敦和巴黎等世界各地举办过众多的大型展览。他说："我是带着感性、激情和耐心来对待水晶玻璃的。我参照历史，结合现代，勾勒氛围，描绘心情。熔化水晶玻璃让我可以同时将雕塑和绘画带到水晶玻璃上。水晶玻璃可以是美丽魅惑，柔软顺从的。但是，它也可以给你留下终生的划痕。"

活动期间，洛夫格林先生在其手工制作的水晶碗上进行绘画表演，并现场解说其专为"水晶·夏季·花园"兔年展推出的最新"Jello Rabbits"所采用的先进水晶工艺。

立鼎世酒店集团推出"ONE-OF-A-KIND"星级体验

为展现旗下独立豪华酒店之精髓，立鼎世酒店集团宣布与世界顶级礼宾团队携手合作，精心打造一系列"Leading One-of-a-Kind"旅游计划。每间参与的酒店均设计了真正令人难忘的体验，当中所包含的元素全部别树一帜、无出其右。旅客有机会尊享游历城市和探究其文化的"内行人之旅"、与众不同的美食活动、珍稀佳酿品酒会、个人购物游、特色套房住宿，以及深入不对外开放的后台禁地等，林林总总的体验多不胜数。如The Ritz Paris就为宾客提供独一无二的机会，走入时光隧道，乘坐私人轿车造访距离巴黎东南方56km外的沃勒维康特宫。此巴洛克式建筑巨作曾属于路易十四的财务大臣富凯（Nicolas Fouquet），由于路易十四不满此宫殿和庭园之奢华壮丽有盖主之嫌，因而将富凯收监，没收其财产，继而兴建规模更宏伟的凡尔赛宫。现在，宾客将可在专人带领下，欣赏宫殿和花园，并品尝一顿滋味午餐。本计划要求入住两晚或以上，内容亦包括每日美式早餐，可选择于客房内或L'Espadon餐厅享用。每晚定价由1,780美元起，适用于单人或双人入住。

上海新天地朗廷酒店"新"吧揭幕

上海新天地朗廷酒店全新露天酒廊及酒吧——"新"吧，于2011年7月7日正式揭幕。坐落于酒店五层楼露天平台的"新"吧集时尚潮流和独特南美风情于一身，成为了今夏上海时尚新据点，从中午11时至凌晨2点供应，宾客仅以每位150元净价的价格，便可享受"新"吧五款朗廷特调鸡尾酒中的任意二款，并佐以主厨特别精选的开胃小食。

"新"吧是工作之余小酌、享用简餐或与朋友小聚的最佳选择。由酒店西餐行政总厨夏文柏特别定制的创新菜单，以充满南美风情的海鲜及肉类烧烤为亮点，并且可以欣赏厨师们的精湛厨艺；所有餐点都配有有机色拉、新鲜配菜，蒜泥蛋黄酱及七种供任意选择的橄榄油。精美小食65元起，主食120元起。夕阳西下，"新"吧随即变换出另一种独特风情。在浪漫的夜晚，宾客可选择在皮制躺椅上小憩，享受美食和休闲时光；或是通过预定，在"新"吧特有的轻纱幔帐内品酒畅谈。

Six Senses主办首届年度环保盛事"Watermen"

Six Senses Resorts & Spas是为环境可持续发展方面公认的创新者，现定于2011年9月30日至10月4日期间举办马尔代夫首届环保盛事"Six Senses Watermen"，届时将云集多位水上运动的标志性人物及全球首屈一指的水资源保育人士。一众享负盛名的"Watermen"将为Six Senses Laamu度假村的宾客提供专业指导，而知名乐手亦将于沙滩上即兴演奏美妙旋律。此外，保育专家将主持引人入胜的辩论及对话，探讨人类目前最为迫切的海洋及食水问题，而大厨则以合乎道德标准方式采购的食材炮制美食，让宾客配搭来自澳洲玛格丽特河一带以生物动力农法生产的葡萄酒。

马尔代夫群岛到处椰林树影、风景如画，并拥有一系列极佳的冲浪地点，逾35年来吸引不少国际冲浪好手前来挑战。随着全球工业不断发展，纵使大部分工业区与马尔代夫相距非常遥远，但海平面上升的问题已使当地直面威胁。今天发生于马尔代夫及其40万居民身上的事情，或预示着地球其他沿海地区的未来。Six Senses 15年来一直积极扮演领导角色，致力保护这1,190个珍贵的热带岛屿。

杭州师范大学核心区城市综合体

近期，杭州师范大学核心区的城市综合体经过几轮的竞赛，吸引了诸多设计单位参加，维思平在最后一轮竞赛中中标该项目。杭州师范大学核心区综合体功能复杂，包括学校的行政办公、杭州研究院办公、学生活动中心、图书馆、会议中心、接待中心、学校剧场等七大功能。项目规划的出发点是校园建筑与城市环境的联系与隔离，在空间上表现为两个层面，第一个层面为城市生活，在总体的一层体现，表现为车辆穿行的中央街，市民穿行的院落巷；第二个层面为校园文化，由河岸坡起的绿化带一直延伸到建筑形成的二层平台，再延续北向的桥连通北面的生态岛及南面的广场，形成完全开放式的校园文化活动场所。中心区规划形态与大学城相协调，体现围合·聚集的特点，同时又不失中心区建筑的个性，以大小的对比及形象的差别强调中心区建筑群的特点，成为校园乃至地区范围内的标志性建筑。目前该项目已经进入实施阶段。

内田洋行上海新展厅成立

2011年7月12日，办公环境领域的佼佼者——内田洋行设立于上海的新展厅正式落成。作为日本著名的办公环境公司，内田洋行一直致力于为客户提供整合的一体化办公环境解决方案，业务涉及办公家具、软件及硬件研发、设计、教育设备等领域。此次新展厅的成立，更是有意将先进的"泛在空间"设计理念带到中国。

"泛在空间"的理念是对传统设计理念的升华，在其基础上，融合了ICT和设计方面的要素。不仅局限于对空间、色彩、布局等方面的设计，同时在设计中考虑了软件、硬件设备与空间内其他要素和谐结合，并利用软件、硬件设备来提升空间环境的实用性及美观性。席设计师滨村道治先生说道："在泛在空间的理念的指导下，我们独自研发了许多软件及硬件产品，再结合其他产品，使空间变成一个有机结合的整体。并且提出了以'FRONT YARD'为重点的模式，专注于接待空间、展示空间、会议空间等可以与客户分享的空间的设计。"

新落成的内田洋行上海新展厅内，展示了简洁、智能的一体化的办公空间。内田洋行办公设备（上海）有限公司董事长武幸太郎先生介绍说："上海的新展厅是'泛在空间'理念运用于现实空间的一个缩影。9月14日~16日，内田洋行将举办一场产品的实际体验活动。届时，内田洋行将在上海1933老场坊内打造一个在泛在空间理念下设计的空间环境——一个集ICT，空间设计，信息设计为一体的实现的空间。"

唯宝推出2011新品系列

天然的材料与温暖的色调，精致的式样与灵活的功能——唯宝全新的自然MyNature卫浴系列以极其现代的方式，诠释了对原创的追求，同时为个性化设计提供了充分的自由度。

流畅的弧线型外观，纯粹而清新的自然风格，以自然MyNature系列为主打产品，2011年唯宝迎来了纯净、明快的乡村风格。这一新风格不仅是用现代自然的手法诠释居家环境，还包括以真正原创的方式设计卫生间，保持真我本性。麦特拉赫出产的陶瓷系列搭配纹路细腻的欧洲原色栗木家具，款式设计融合两者的协调性。而柜体面板的可更换系统又可随性变化柜子颜色，配合辅助系统，为浴室的自我风格提供充分的想象空间。

网络时代，怎样让客户找到你？

ABBS的最新力作——品房网（PinFang.com）

茫茫互联网，任何人的信息都很容易被轻易淹没。

如果你是大师，即使没有网络，也会有千百客户向你涌来。

如果你不是，又如何能够脱颖而出？

一、建筑师

· 在搜索引擎，比如百度：客户很难事先知道你的大名，想要一步到位搜索到你，比登天还难。

· 在建筑师目录或黄页类网站：几十万建筑师全部排列在那里，要一个个查看作品，基本不可能；要按城市搜索，每个大城市仍然有数万上十万的候选；要说按擅长的类别，也就那么几种分类，况且哪个建筑师不想什么类别都来试试，难道限定在酒店或商场？

· 在专业论坛，比如品房网的母站ABBS：作为最大的建筑论坛，160多万设计师，已经发布了1100多万作品，除了公认的高手大师，除非你的作品非常创新或讨论价值，否则也很难连续几天浮在读者的眼前。能够成为ABBS会员企业而得到系列推广的，毕竟只是少数有实力的大牌。

· 在品房网（PinFang.com）：一切都变得那么简单明了。

全中国有4万楼盘、上万大型公建。相当于把数万建筑师分成了5万类。每个楼盘只有几个建筑师。甲方通过楼盘名称，如同股票查询，输入三四个字母，就能迅速找到你。

事实上品房网能给你带来的还不仅仅如此。由于所有的楼盘都会参与排名，每个获得好评的楼盘都会获加分，而作者你，也会在建筑师排名中步步靠前。形成良性循环。

二、室内公司

· 在建筑师目录或黄页类网站：上百万室内设计师全部排列在那里，要一个个查看作品，基本不可能；要按城市搜索，每个大城市仍然有数万上十万的候选。

· 在搜索引擎，比如百度：客户很难事先知道你的公司，通过名称搜索到你几乎是没可能的。剩下就是购买"室内装修"之类的关键词，由于公司太多，也是效果甚微。

· 在专业论坛，比如品房网的母站ABBS：160多万设计师，已经发布了1100多万作品或文章，除了公认的高手、大师，也很难连续几天浮在读者的眼前。

· 在品房网（PinFang.com）：一切都变得那么简单明了。

全中国有4万楼盘、上万大型公建。只要你在楼盘点评中发表了在本楼盘正在装修或已经完成的作品，甚至只是花几分钟画上一幅对本盘某个户型的改造方案，打哪道墙、怎么摆沙发，就会很快受到业主们的青睐。

谁不想接受一对一的定制服务呢？谁又敢相信普通业主论坛里不着边际、毫无针对性的装修广告呢？仅仅因为你的"广告"是放对了地方，有了针对性，它就不再是"广告"，而是客户所需要的、正在寻找的有用信息！

三、建材、家具、家电厂商

· 在B2B电子商务市场网站，比如阿里巴巴：任何产品虽然经过了细化分类，仍然很容易淹没其中。

· 在搜索引擎，比如百度：永远排不到前面。

· 在品房网（PinFang.com）：一切都变得那么简单明了。

每个购房者，都是建材、家具、家电的消费者。消费者选择商品的时候，显然希望看到其他购买者尤其是专家的看法。品房网上按产品系列作为点评对象，最大程度的集中了点评人气。同时，设计师能快速的找到你的产品，而且在设计中能直接使用你的图块模型文件。这对批量采购的产品将是至关重要的优势。

四、开发商

· 在门户网站投放广告，比如新浪：精准性不够。

· 在传统房产网站，比如搜房：在传统房产网站上，购房者能得到的信息并不比报纸多多少。大多数还是基本的介绍与户型图、外观效果。而其业主论坛又被不少垃圾广告发布者所污染，很难获得有用而及时的资料。

· 在品房网（PinFang.com）：一切都变得那么简单明了。

1、直接带来销售

品房网已经集中了几乎所有重要房产网站的相关信息，并云集了专家与业主的精选意见。所以将是购房者东挑西选的最后一站。只要购买，就会从这里出发。

2、帮你完善购房者需要而你尚未提供的东西

容积率、建筑密度、建筑间距、每户车位、每电梯户数、建筑层高、最近的学校、医院、公园、公交车线路、详尽的电子地图……所有购房者可能需要，而你尚未提供的。

3、帮你培训网络售房员

21世纪，网络售房员将是每个开发商与代理公司的标准配置。我们帮你全程培训。

4、让你的好房子脱颖而出

真正的好房子不是靠广告、不是靠托。数据会说明一切。关注自己的产品品质，把你房子卖给最需要它的客户，是我们的目标，也是你的需求。

5、通过楼盘寻找设计师和建材

发现一个好的楼盘，打听它的设计师、它使用的材料却万分艰难。一个按全国楼盘来分类的设计师和建材黄页，比任何目录都更为直观有效。

首届"真诚·蒂凡尼"杯壁纸宝贝模特大赛精彩上演百名佳丽竞技世博馆

　　由北京中装华港建筑科技展览有限公司主承办的"第十二届中国（上海）墙纸布艺暨家居软装饰展览会"2011年8月17－19日在上海世博展览中心1、2、3号馆隆重举办，展会面积达到60000平方米，与会厂家600余家，是中国最具知名度和规模的专业墙纸壁布展览会。

　　为推广壁纸产业文化，扩大展会的关注度和影响力，增强展会娱乐气氛，传播时尚与美的文化艺术魅力，服务壁纸企业，使企业的产品和品牌得到有效推广。本届展会期间，主办方隆重推出首届"真诚·蒂凡尼"杯壁纸宝贝模特大赛，此次大赛由上海真蒂装饰材料有限公司冠名赞助。

　　大赛采用"网络+地面"相结合的独特模式，分为初赛（网络评选）、复赛阶段（8月17日展会现场评选）、决赛阶段（8月18日展会现场评选）三个阶段进行，设冠军、亚军、季军三个大奖，并设12类特色奖项，上海真蒂装饰材料有限公司将与组委会携手，全程参与宣传此次模特大赛。

　　"壁纸服装SHOW"作为本次大赛的一个亮点，将于8月18日10：00－12：00在世博三号馆T台炫丽登场。设计师将以壁纸为原料，量身为模特选手制作壁纸服装，通过T台走秀，将壁纸时尚、环保、艺术的理念进行传播。

　　赛事安排如下：

日期	地点	活动内容
7月－8月19		网络投票完成海选和初选
7月28日	北京	壁纸服装制衣、拍摄
8月3日	北京	模特选手初赛、60晋30
8月17日 上午10：00－12：00	上海世博展览馆三号馆	复赛
8月17日 下午13：00－15：00	上海世博展览馆三号馆	•模特运动装、小礼服展示 •模特泳装展示
8月18日 上午10：00－12：00	上海世博展览馆三号馆	•"壁纸原创服装秀"专场 展示24套原创壁纸服装
8月18日 下午13：00－15：00	上海世博展览馆三号馆	•决赛 •颁奖
8月19日 上午9：00－10：30	上海世博展览馆	•"壁纸宝贝"逛展会 •模特到达展台与赞助企业合影留念

时尚家居展
interiorlifestyle
CHINA

中国(上海)国际时尚家居用品展览会

2011年10月12至15日
中国·上海展览中心

咨询热线：(86) 21 6160 8555
www.il-china.com

UA|EC　messe frankfurt

渡影传播
pdoing vision

系统設計 SYSTEM DESIGN | PHOTOGRAPHY

中国建筑工业出版社《室内设计师》特邀视觉伙伴
我们为建筑环境设计行业提供：
建筑视觉导向系统设计 | 空间摄影整合传播服务

上海市延安西路1558号友力大厦3-2701 | 021-52540098 | pdoing@163.com | www.pdoing.com

SoLIFE
FOR DAILY USE

SoLIFE 滨江天寓店　杭州滨江区滨盛路4309号天寓商铺
Add:No.4309 binsheng Road Binjiang District HangZhou　Tel:0571 88222127
E-mail:solifeshop@163.com　www.solifeshop.com

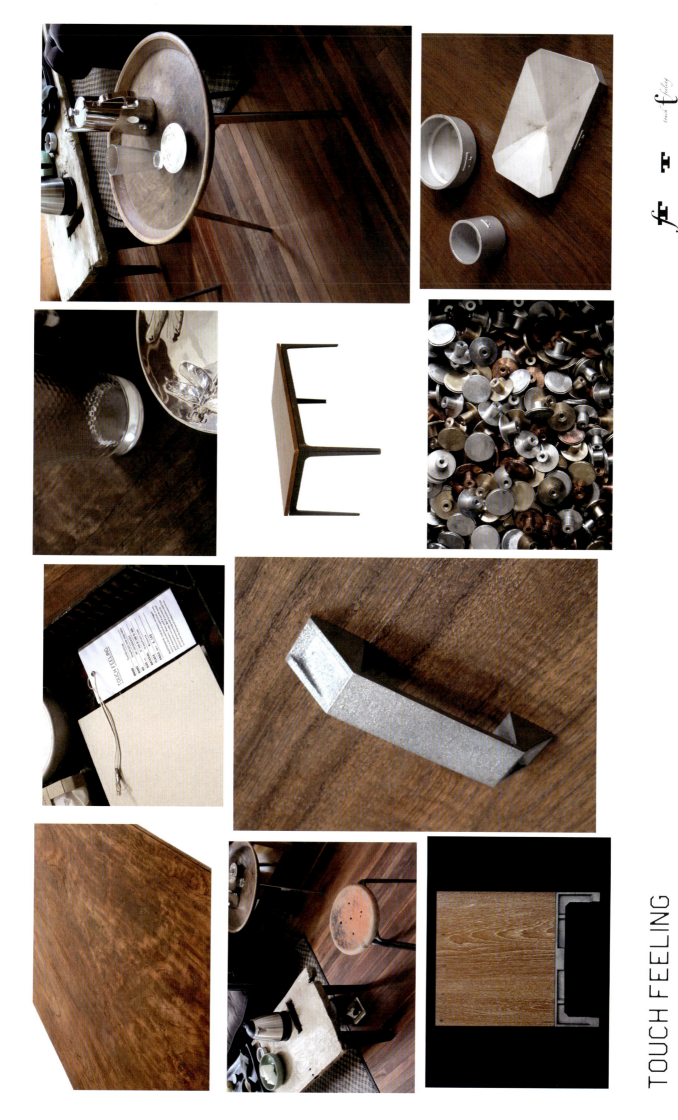

URBAN UTOPIA

城市乌托邦
一家地产商要在1平方公里的土地上建造一个容纳10万居民的城市，这究竟是应对诸多城市问题的一次令人振奋的尝试？还是又一个中国式的乌托邦幻境？

domus CHINA

Interview

Stefano Casciani　　Kazuyo Sejima

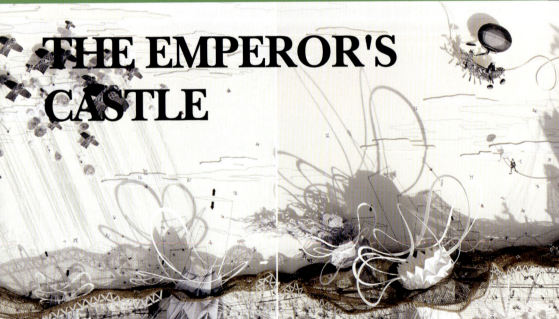

THE EMPEROR'S CASTLE

皇帝之城
从牛郎织女的神话体系中诞生的东京城市构想，用都市化语境下的戏剧场景，描绘出未来城市的乌托邦之梦

订阅咨询热线 400-610-1383　刘明 139 1093 3539 / (86-10) 6406 1553 / suchunmei@opus.net.cn
免费上门订阅服务　北京：(86-10) 8404 1150 ext. 135 / 139 1161 0591　姜京阳　上海：(86-21) 6355 2829 ext. 22 / 137 6437 0127　田婷
广告热线　叶春曦 139 1600 9299 / (86-21) 6355 2829 ext. 26 / yechunxi@domuschina.com